辣媽*Shania*的
簡易系
美味陶土鍋料理

廚房就少這只鍋！

辣媽 Shania————著

快煮、慢燉兩相宜，主菜、麵飯、湯品、麵包、甜點，一鍋搞定！

作者序 ————————

這本書的出版，對我來說有很大的意義。可以從烘焙跨到料理，我真的很開心，也很滿足！

我很愛到處吃美食，也愛寫下簡單的美食日記。但對自己親手料理，一直沒有太大興趣。而孩子漸漸大了，有時候外面餐廳也吃得很膩。每週三晚上孩子不用補習，是難得平常日一家四口可以一起吃飯的時光。總希望自己可以煮孩子喜歡吃的，讓他們吃得開心。

一開始我對料理沒什麼信心，就連到菜市場買菜都不是很喜歡。最主要是因為，除了水果以外，我常不知道應該怎麼買。哪種肉應該買什麼部位，份量要多少都說不清楚，而菜攤老闆又很忙，等我在那邊支支吾吾，總覺得他們對我很不耐煩，但我還是要試著克服呀！

原本討厭廚房的我，十多年前竟然愛上烘焙，之後徹底改變了我的工作與人生。而料理的部分，因為工作的關係，零星接了幾個案子，讓我開始有動力去嘗試。不知不覺中，在備料的同時，我愛上了那些辛香料，蔥、薑、蒜頭、香菜、白胡椒，切開瞬間散發出的迷人香氣，立刻聯想到小時候喜愛的台式料理，讓人有種放鬆開心的感覺。漸漸地，我對於料理越來越好奇，於是瘋狂的報名參加各種料理課程，也學了許多重要的觀念。家中的廚房，從此開始飄散出不同的香氣，覺得自己變得更厲害，真的很不可思議。

因緣際會下，我開始接觸了MIYAWO陶鍋。試用之後，發現這些鍋不只是漂亮而已，也非常實用，煮出來的料理更美味。突破自己的心防之後，便決定勇敢嘗試更多料理。因為陶鍋不需養鍋又漂亮，在我分享之後讓很多朋友心動，用了之後也大獲好評，對我來說是滿滿的成就感。

在研發食譜的這段時間，孩子每次吃到不一樣的料理，覺得好吃，但也好奇的問道：「為什麼最近都吃到不一樣的新菜呢？」看到他們賞臉吃得開心，自己也獲得許多成就感。原本只能在餐廳吃得到的菜，自己也能一道道端出來。

而我相信，能長久為孩子煮飯的媽媽們，需要的是簡單不複雜，材料方便購買的料理。 鼓勵各位媽媽們，不用害怕，就像我一樣勇敢去嘗試，越做越有心得，最好吃的美味料理，就在你們家庭裡！

希望這本書，能帶給更多家庭，享受簡單料理帶來的幸福感。

Shania

Contents

01 工具和材料

02 陶土鍋的使用方式

03 簡單快速的陶鍋快煮料理

04 方便飽肚的飯麵一鍋煮

05 冰箱常備的陶土鍋料理

06 陶鍋最擅長的滷燉煮料理

07 四季皆宜的沁甜湯水

08 陶鍋也能玩烘焙

本書使用方法

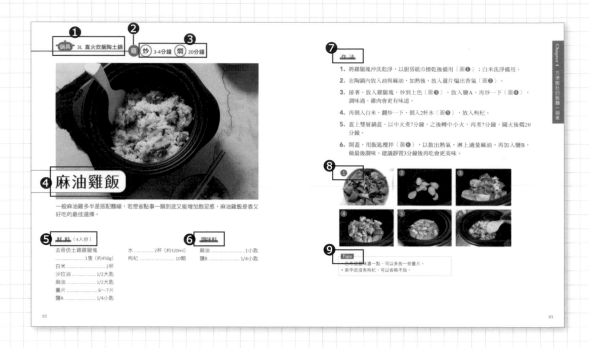

❶ 本道料理所使用的鍋具容量及品項。

❷ 主要食材的種類，雞肉、牛肉、豬肉、海鮮等。

❸ 烹飪方法為炒+煮+燜，可參考此處所標示的時間，但也需依家中爐火的大小做適度調整。

❹ 料理品名。

❺ 本道料理所需的食材份量，建議在料理前都先準備好。

❻ 本道料理所需的調味用品，建議在料理前都先準備好。

❼ 請按作法中的步驟說明進行操作。

❽ 可參考對應圖號的照片說明，來比對自己的製作過程。

❾ 關於本道料理的烹調祕訣，或相關的保存技巧。

Chapter

1

工具
和
材料

想開開心心的煮飯，一定要有順手好用的工具。以下是我
在撰寫食譜過程中，覺得需要並實用的工具以及我平常使
用的調味料等，並整理了個人在料理路上的心得，希望能
幫助大家在準備料理的過程中，更得心應手喔！

本書使用的工具

以下是本書中用到的廚房用具，建議在開始料理之前，先大致了解必備小物有哪些，在後續製作過程中會比較好操作。

❶ 調理盆

在清洗食材時非常好用的工具，同時也能用在製作料理及烘焙類，方便用來醃漬大量食材、攪拌材料、麵糊與麵團。

❷ 麵粉篩

製作甜點時，為了保持成品質地細緻，用來過篩低筋麵粉、避免麵粉結塊的工具。

❸ 隔熱手套

不論是料理三餐還是做烘焙，端陶鍋或自烤箱取出剛出爐麵包時的必備用品，可防止因溫度過高被燙到。

❹ 計時器

用於準確計時，並有提醒作用。可避免烹煮過久，而錯失最佳的品味時間。

❺ 電子秤

為精準做出好麵包與烘焙類點心，建議購買最小測量單位為0.1g的量秤。

❻ 量匙

我最常使用到大匙（湯匙）、小匙（茶匙）以及1/4匙。用以計量香料、調味料、醬料與油品等。

❼ 量杯

料理中的水分用量不像烘焙那樣講究精準，建議使用量杯測量個大概即可。

❽ 打蛋器（手動／電動）

製作巴斯克乳酪蛋糕時會用到，使用電動打蛋器則更加省時、省力。

❾ 削皮器

去除紅蘿蔔、白蘿蔔、地瓜及馬鈴薯等食材外皮時使用。

❿ 泡沫撈勺

煮湯或火鍋的時候，容易出現一些雜質和血水的浮沫，為了保持高湯的清澈度，可用撈勺將浮沫撈起。

⓫ 刮刀

是烘焙時的必備工具，可將食材刮得更乾淨，才不會浪費麵糊，像是製作巴斯克乳酪蛋糕或布朗尼都會用到。建議選用一體成型的矽膠刮刀。

⓬ 彈性矽膠鍋鏟

傳統鍋鏟較硬，用於陶鍋中會受限於陶鍋開口的大小，無法完整地將菜餚盛出來。建議使用具有彈性的矽膠鍋鏟，會方便許多。

⑬ 筷子

本書料理主要以陶鍋製作，在一開始拌炒時，建議使用竹筷子，較不會受限於鍋子開口的大小。如果使用鏟子，反而會因為鍋鏟尺寸過大，炒起來會卡卡地並不順手。

⑭ 隔熱墊

陶鍋必備，煮好之後，我們會直接端出陶鍋上桌，由於此時鍋子非常燙，一定要使用厚一點的隔熱墊，才不會傷害木頭等材質的桌面。

⑮ 鎖鮮袋

鎖鮮袋能吸收植物釋出的老化激素，鎖住蔬果水分，保有適合的環境讓蔬果繼續呼吸，並加入食用級抑菌與防霉的配方來降低食物腐敗機率，延長蔬菜的保存期限。

⑯ 蜂蠟布

蜂蠟布由蜂蠟、有機棉、椰子油等天然原料製成，其中，蜂蠟具抗菌與保濕的效果，加上天然有機棉的透氣性，可有效阻絕空氣，保鮮食材，再加上可重複利用的優點，既環保又健康。

⑰ 烘焙紙

麵包整形後可放到烘焙紙上，烘烤時也用來放在烤盤上或先襯在陶鍋中，以防止麵團沾黏。漂亮一點的烘焙紙，也可以直接拿來包裝麵包，讓成品看起來更有自然手作的氛圍。

本書使用的醬料及調味品

調味是料理的靈魂，找到適合的調味料，並正確的計量，都是成就一道美味料理的關鍵。不過，口味是很個人的觀感，本書所列份量是辣媽家偏好的味道，大家可以依據自己口味喜好再做調整，慢慢找到最適合的比例。

計量的方式

為了精確定義調味品的用量，書中料理皆依標準的量匙來測量：

	液體	鹽／糖
1 大匙	15ml	13g
1 小匙	5ml	4g

食譜裡面的調味品份量僅供參考，鹹味是主觀的，大家可以依照自己家人的喜好增減。但如果是烘焙麵包與點心，請依照食譜中的材料標示來製作。另外，本書中關於料理類的水分標示，單位為毫升（ml）；烘焙時，使用的液體類標示則為公克（g），請以電子秤精確秤量。

❶ 鹽麴

在日式超市較易購得，是源自日本的調味料，比一般的食鹽多了些甘甜香氣。用於醃肉時，可以軟化肉質。

❷ 鹽

鹹味最主要的來源，辣媽的料理中大多使用玫瑰鹽。玫瑰鹽為岩鹽的一種，因含有大量鐵質，外觀呈現如玫瑰般的粉紅色澤。

❸ 醬油膏

醬油中額外添加黏稠劑，味道不像醬油那麼
鹹，通常會多點甜味，風味也不一樣，調味起
來，更具有層次感。

❹ 老抽

顏色較深，鹹味較淡、甜味濃厚的醬油，主要用來讓肉類上色，看起來更好
吃。在雜糧行或大賣場（家樂福）都可以買到。

❺ 醬油麴

這是辣媽自己製作的，混合米麴與醬油，在65℃的環境下發酵，讓醬油的香
氣更加迷人，非常適合加在滷肉裡面。因為市面上不容易購買，如果家裡沒
有的話，可以參考 p.106 的作法來製作。

❻ 醬油

辣媽使用的是松露醬油，可在美式賣場購買。因為各廠牌醬油的香氣與鹹度
均不相同，如果使用的醬油品牌與辣媽不一樣，就要依自家的口味做適當調
整喔！

❼ 日式醬油

辣媽使用的日式醬油為四倍濃縮，用量不需太多。成分含香菇、柴魚及海帶
等，風味層次豐富，很適合用來製作日式口味的料理。

❽ 黑糖

與砂糖相比，黑糖比較沒那麼精緻
化，風味也更為濃厚。很適合與甜湯
一起搭配，如薑汁地瓜或是桂圓粥。

⑨ 細砂糖

用在料理上可讓料理味道較有層次，且不死鹹。另外，在本書中也用於烘焙，製作麵包和甜點，除了幫助發酵，還可讓顏色看起來更秀色可餐。

⑩ 冰糖

糖類的一種，結晶較大，非常適合使用在中式甜湯做為甜味來源。

⑪ 糖粉

比砂糖質地更細緻的糖，適合用在甜點製作上，可讓甜點的質地更加細緻。

⑫ 料理米酒

米酒是以米為原料發酵而成的酒，加在料理中可增添香氣或去除腥味。相對於其他酒類，料理米酒平價且方便購買。

⑬ 花雕酒

以前的人把紹興酒長期儲放在外觀有雕花的酒甕中，久了變成陳年紹興，因而有了「花雕」之名。花雕的香氣十分獨特，用來製作花雕雞，香氣十足。

⑭ 味醂

是日本家庭在料理時不可或缺的調味料之一，作用類似米酒。味醂中含有的甘甜及酒味，可去除腥味，並增添甜味。

⑮ 紹興酒

黃酒的一種，主原料為糯米、麴（米麴或麥麴）以及水。味道有點類似花雕酒，但紹興稍微平價些，料理時多運用在滷肉，可以增添一股特殊的香氣。

⑯ 紅酒

紅葡萄酒的簡稱，用來料理紅酒燉牛肉。只需要選購平價且不帶甜味的紅酒即可。在一般超市都可以買到。

⑰ 胡麻油

散發著濃郁的芝麻香氣，製作韓式料理時常會加入。可購買日式和韓式胡麻油來使用。

⑱ 麻油

本書使用的是黑麻油，是以芝麻為原料提煉製作的食用油。香氣十足，是製作麻油雞和三杯雞時不可或缺的調味品。由於不耐高溫，不適合用大火快炒。

⑲ 橄欖油

建議使用特級初榨橄欖油，香味足夠並耐高溫，可到190～200℃左右。

⑳ 健康油

發煙點比較高，很適合在使用陶鍋料理時，一開始用來拌炒食材時使用。

㉑ 八角

一種香料，又稱「八角茴香」、「大料」，可在超市或中藥行購得，常用來做紅燒、滷肉等料理，香氣獨特，在滷味調味中具有畫龍點睛的功效。由於味道鮮明，通常只要放一、兩顆即可。

㉒ 月桂葉

新鮮的月桂葉味道溫和，乾燥後香味會變得濃烈，多用在燉煮料理中，可在超市購得。本書中用在法式紅酒燉牛肉及西式蔬菜湯中。由於味道濃郁，通常一道料理只會放1～2片。

㉓ 味霸

是日本的高湯調味料，當沒空熬高湯時，可在清水裡加入適量味霸，來讓湯頭變美味。在本書中的大醬豆腐鍋、泡菜豆腐鍋、部隊鍋與米粉湯等，若來不及準備高湯，就可以加入適量味霸來增添鮮味。

㉔ 白胡椒粉

白胡椒粉為成熟的果實脫去果皮的種子加工而成，跟黑胡椒比，顏色偏白，非常適合用在台式料理。除了直接購買市售成品外，也可到中藥行購買白胡椒粒，再自行以調理機研磨，香氣更濃。

㉕ 黑胡椒粉

胡椒粉是胡椒的果實成熟曬乾後磨碎製而成，味道辛辣。通常可醃肉時用來去腥，或是在料理幾乎完成時撒上少許，以增添香氣。

㉖ 萬用滷味包

讓味道與香氣更加豐富，如滷牛三寶等料理。超市即可購得。

㉗ 大醬

由大豆發酵而成，也稱為韓式味噌醬或豆醬。喜歡韓式料理，但又不吃那麼辣的朋友，一定要買這罐。

㉘ 韓式辣醬

韓式辣醬是一種以紅辣椒為主要原料發酵製成的傳統醬料,是製作韓式料理必備的醬料。可在永和韓國街、大賣場(家樂福)或網路購得。

㉙ 奶油

本書使用無鹽奶油或含鹽量偏低的奶油,多用於烘焙麵包、餅乾與蛋糕。

㉚ 動物性鮮奶油

乳脂含量比鮮奶高一些,奶香味更豐富,本書中用來製作巴斯克乳酪蛋糕。

㉛ 帕瑪森起司粉

用義大利帕瑪森乳酪製造而成,香氣濃郁且水分含量低,可在超市購買,多用於義大利麵類與製作麵包。

㉜ 奶油乳酪

奶油奶酪質地順滑,為起司蛋糕的原料。由於未經熟成,也沒有碰過黴菌,在開封之後,若未盡快使用完,很容易發霉。未使用完也不建議放冷凍,以免乳酪質地出現變化。建議大家在超市購買約225～250g的小包裝即可。

㉝ 鮮奶

本書使用市售的全脂鮮奶。

㉞ 番茄糊

Tomato paste是西方菜式常用的醬料,以番茄為主要基底,添加初榨橄欖油、鹽與香料等調味濃縮而成,可用在紅酒燉牛肉或製作披薩。因為與其他番茄粒或番茄義大利麵醬包裝很像,容易搞混,所以建議要與英文品名一起對照,才不會買錯。建議買最小包裝,剩下的分裝冷凍保存。

辣媽的採買小心得

做菜是很令人享受的事,但過程中最傷腦筋的部分便是採買了。多次訓練下來後,凡確認要做哪道料理且看完食譜後,第一件事,就是把所有食材和材料依照購買地點分類:看要去傳統市場、一般超市還是大賣場選購。反覆看個幾次,確定沒有漏掉任何一項之後,再出門採買,就不用擔心漏買,還得來回跑。

在這三種地方買菜,各有其優缺點,以下是辣媽從菜鳥到資深菜鳥的心得:

傳統市場攻略

傳統市場是講人情味的地方,販售的食材種類眾多,一不小心手滑,就會買太多。在這裡買菜的好處是:

- 需要多少買多少:無論蔬菜類還是海鮮,都能依照需要的數量購買,不用一次買大量,再回家分裝。

- 可供選擇的肉類部位較多:特別想買很大塊的肉時,像一整塊梅花肉來做日式叉燒(p.132)、或正方型的五花肉來做東坡肉等,在傳統市場會比較好買。又例如買隻仿土雞腿回家燉湯時,還可加買支雞腳,讓熬出來的湯更飽含膠質,十分方便。

- 品項眾多:傳統市場裡多半隱藏著雜糧行,方便選購乾貨或一些特殊調味料。

然而,對於料理新手來說,傳統市場並不算是友善的環境。首先,肉類和海多半價格未透明公開,得開口一一詢問;再者,若無法精準知道該買哪部位的肉,甚至連該買多少都不確定,常有無從下手的困擾。以下是我個人的經驗談:

● 豬肉攤

當初剛離職時，上菜市場買菜不免有些畏懼，受歡迎的攤位總是很忙碌，沒空等你猶豫。不像老闆最愛的資深主婦，能自在地用手抓起想要的肉丟向老闆，一次還買很多，是攤販眼中的好客戶。

輪到我的時候，一臉菜鳥相。老闆問我要哪塊肉，完全答不上來。只能等老闆不耐煩地問：「你要煮什麼？」回答：「我要滷肉。」老闆接著問：「要多少？」我又愣住了。他回覆：「幾個人要吃？」我回：「四個人。」他便切好給我，直接告訴我多少錢。就在他遞肉過來的時候，我馬上抓緊機會問：「這是什麼肉？」回想起來，我第一個學會的豬肉部位就是：「梅花肉」（胛心肉）。

回家量秤之後，知道他大概給我約1斤的份量，煮過一次之後，就知道一家四口到底可以吃多少，下次就知道該買多少量。所以，事先確認要買什麼部位、買多少（這些食譜裡面都有），上市場就比較不容易驚慌。

我也遇過一些不好的經歷，有些老闆看我像是新手，會做些「手腳」。像是拿挑剩的、或較不新鮮，如味道比較重、邊緣明顯較乾的肉給我。也遇過已經告知要買豬肋排，卻拿肉質較乾硬的排骨給我，回家煮了才知道不對。有時跟老闆說要1斤（600g），便會多塞一些到800g，好多賣我一點。殊不知，雖然我是料理菜鳥，好歹也是烘焙玩家，家裡可是有精準的量秤啊！

個人認為，不妨先觀察一下哪攤生意比較好，優先考慮那幾家，盡量在早上10:30前採買，部位才會齊全。然後，只需按照食譜上面寫的部位以及份量，直接跟老闆說，這樣就可以了。烘焙做習慣的我，有時也會直接說400g，店家都有量秤，這樣說也是完全沒問題的。

1斤（1台斤）	600g
1兩	37.5g
半斤	8兩

• 雞肉攤

如果不是很熟悉料理的人，可以先告知店家自己想做的菜色，他們會建議該買哪種雞以及哪個部位。購買時，記得挑檯面上看起來肉質較具有光澤的肉品。 如果要熬湯，可多買一點雞腳，熬煮出來的湯會充滿膠質，營養十足。

雞畢竟比較小隻，部位也沒有那麼複雜，通常就是雞胸、雞腿、半隻雞、全雞、雞腳、雞翅、雞骨頭等選擇。另外，依養殖方式會分為肉雞、仿土雞與土雞，肉質由軟到緊實，價格也有所不同。仿土雞比肉雞貴不少，但肉質也Q彈許多，是我個人較偏好的選擇。本書的食譜裡，會一一說明需要使用的部位及種類。

• 雜糧行

有些乾貨只有在雜糧行才能買到，便於一次買齊。像我經常會在家中常備的有紅蔥頭、紅蔥酥、菜脯、乾辣椒、柴魚片、豬皮、洋薏仁、紅豆、綠豆及黃豆等調味品和雜糧，若有時間在此挖寶，往往能找到特別和傳統的食材。

可惜的是，有許多食材都是攤在空氣中擺放，看不出製造日期，因此，找到值得信賴的店家很重要。而在購買瓶裝類商品時，也要特別注意保存期限。記得我曾經買了瓶花雕酒，回家之後才發現再過3個月就要到期了。而且既然是即期品，價格也沒有比較便宜，只能說購買時要多留意。

• 菜攤

相對來說，我覺得在菜攤及水果攤買東西比較簡單些。特別是我很喜歡在菜攤零買各式各樣的蔬菜。有些服務好的菜攤，還會詢問蔬菜是否當天吃完，如果不是，他們會幫忙做簡單的包裝，像是用廚房紙巾把菜包覆起來，這樣可以存放久一點；或是把不同的菜分開打包等，回家只要簡單處理即可。

• 海鮮類

海鮮類比較麻煩的是常常不知道該買幾斤，此時一樣直接跟老闆說大概要幾人份即可。如果像是蝦子，直接算買幾隻也很簡單。

傳統市場還有個優點，當你跟老闆熟了之後，便可以請他們幫忙預留「好貨」。像是松阪肉這類較稀有、熱門，或者少見、晚一點去會賣完的，都可以讓老闆幫預留下來再通知你，真的會輕鬆方便不少。

注意市場休息日

週一是傳統市場固定的休息日，此外，還有些特殊節日，市場也會休息，甚至不只休息一天。記得在重大節日之前，先問問菜攤老闆，或自行上網查詢，以免白跑一趟。如果是週一要煮大餐的媽媽們，記得提前在週日預先採買。

美式大賣場這樣買

我最喜歡在大賣場買牛肉，如牛腱、牛肋條（牛腩）等，這些肉品多採真空包裝，買得很放心。回家可先放一包在冷藏室，其他直接冷凍起來。需要用的前一天，再放入冷藏慢慢退冰。其他，如牛肚和牛筋類已經清洗處理得很乾淨，省去後續處理的時間。回家只需簡單沖洗、汆燙，就可以直接拿來料理。唯一的不便之處，就是份量較多（但單價比較低），需要分次煮完。

另外，像是食譜中的松露醬油、日式醬油、有機砂糖等調味料，還有比較少見的甘藍菜，工具類像是烘焙紙、塑膠袋、保鮮膜等，在此處購買也非常划算。

由於大賣場的人很多，尤其以週末下午的人潮特別多，平常日會好一些。在從事自由業之後，我會盡量選在平常日時進行採買。

一般超市這樣買

很適合料理新手採買的地方，包裝上都有清楚標示，看起來也乾淨衛生。買的時候沒有時間壓力，想猶豫多久都沒人催你。不同於傳統超市有限的營業時間，下班了也能輕鬆選購。缺點是，食材數量都是固定的，一些特殊部位的肉類不易取得。而且當你不知道什麼料理該買什麼部位的肉品時，沒人可供諮詢。

我自己喜歡在超市買豬肉絲類與火鍋肉片，有像是里肌肉片、五花肉片、或是梅花肉等；牛肉則有霜降牛、嫩肩牛等。另外，培根、米粉、紅豆、綠豆等也都能買到；像是本書中要使用到的奶油乳酪，鮮奶油以及起司，也可以在超市一次購足。

特殊賣場這樣買

另外，在生機飲食店可以買到新鮮的白木耳，韓國街則可以買到韓國的辣醬與大醬等，也是我會選擇的採買地點，當然，這些醬料與食材有時在大賣場的異國食品區也可以找到。而在電商發達的今日，大家甚至可以透過網路購物來取得食材。

肉品的種類繁雜，讓大家傷透腦筋，我簡單整理如下：

• 豬 肉

梅花肉（胛心肉）	較軟嫩的部位，通常有油脂分布，吃起來不乾柴，適合用來燉煮。建議在傳統市場購買，肉質與大小較能為量身定做。
松阪肉	豬頰連接下巴處，有油脂卻不過軟，吃起來脆口，適合快煮料理。在傳統市場或大賣場較易買到。
里肌肉	位於豬隻背脊中央部位，油脂偏少、肉質富咬勁。如果喜歡油脂少一點的，可以購買里肌肉片。
豬肋排	腹脅肉的一部分，是五花肉留下最後一層和骨頭相連的瘦肉部分，肉多汁，很適合用來做燒烤肋排。在傳統市場購買時，通常是一根一根買。

• 雞 肉

仿土雞腿	相對肉雞，仿土雞較有嚼勁，又不會像土雞那麼難咬，是我們家喜歡的口感。價位比肉雞高一些，我很喜歡用它來做麻油雞、花雕雞及三杯雞等料理。
半隻雞	買起來會比單買雞腿划算，肉質可依個人喜好選擇。
肉　雞	肉質比較軟，適合烤雞，不適合煮湯。本書在雞肉野菇炊飯這道料理有使用到雞胸肉的部位。

• 牛 肉

牛肋條	牛肋條（牛腩）的油脂較多。在料理前，需去除多餘的油脂，煮出來的湯才不會過油。適合拿來做牛肉麵、蔬菜牛肉湯、法式紅酒燉牛肉等燉煮料理，用途很廣，可在美式大賣場購買一大份，做出不同料理。
牛 腱	油脂含量比牛肋條低，需要滷製的時間也較長。
牛 肚	牛胃，內部為蜂巢狀，吃起來脆脆的，口感很特別。要事先去腥，煮起來才會好吃。
牛 筋	牛筋多指牛蹄筋，指的是牛肌腱或骨頭上的韌帶。滷的時間需要特別久，才會Q軟好吃。

辣媽的冰箱常備食材

若問我最常用到的蔬菜是什麼？答案就是番茄、紅蘿蔔、洋蔥、高麗菜；辛香料則是蔥、老薑與蒜頭。這些都很適合多買一些回家放，如果超過兩天沒吃完，蔬菜類與蔥可以放到鎖鮮袋中保存。由於摘採下來的蔬菜仍會呼吸，產生水氣，所以我還會在裡面多放一張廚房紙巾，讓紙巾吸附水氣，才不容易壞掉。

切一半的洋蔥或紅蘿蔔，用環保天然的蜂蠟布包覆起來，減少塑膠袋或保鮮膜的使用。老薑與蒜頭則常溫保存即可，放冷藏反而容易發霉。辣椒會存放在冷凍庫中，需要使用時再取幾根出來即可。

辣媽的料理小心得

我是位一週煮飯3～4次的媽媽（不包含早餐），有需要時就會下廚。在想下廚的時候，希望能好好享受煮飯的樂趣，更期待與孩子們一起吃飯的美好時光。以下是我開始煮飯後整理出來的料理心得，希望幫助大家在料理時，可以更順手並享受用陶土鍋做菜的樂趣喔！

建議大家在翻閱食譜後，先列出食材清單，依購買地點分類採買比較有效率。在料理之前，食譜反覆看幾次，想清楚邏輯順序再開始動手做，比較不容易手忙腳亂。

新手必學烹調手法小知識

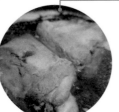
汆燙

肉類都需要事先汆燙嗎？如果是帶骨頭的，建議先汆燙，以幫助排出血水等，徹底清潔，吃起來更安心。如果不帶骨頭的，就視狀況而定。畢竟汆燙會帶走肉質本身的鮮味，如選擇不汆燙（一定要先洗乾淨）便直接料理，湯頭會變混濁，需花較多時間撈浮沫，但能享受到較濃郁的肉味。

另外，處理牛肚等肉臟食材時，建議在汆燙時額外放入蔥、薑、蒜來去腥，並倒入一些料理米酒，吃起來風味更佳。

醃漬

有些讀者會表示不喜歡吃到沒味道的肉，是不是肉都要事先醃漬呢？其實，像是書中的麻油雞飯，就沒有先醃漬雞腿肉，只要雞肉夠新鮮，就不會有什麼腥味。又如鹽麴豬肉咖哩這道料理，最後放的咖哩塊雖然已有鹹味，但要等到咖哩煮好熟成一天後，豬肉才能慢慢入味，在這種情況下，就會建議先醃漬一

下肉（同時調味），再來烹煮。

滷肉類的料理，則因為使用的醬油量已經很多了，在滷的過程已具有一定的鹹味，便不需要事先醃漬。

爆香

為了讓料理香氣十足，炒菜時會先將辛香料爆香，再下主要食材。我通常會從冷油開始放入辛香料，這樣辛香料才不會因為油溫過高而燒焦。再來，放的順序也很重要，像是在做三杯雞時，薑味和蒜味都很重要，因為大蒜容易焦，所以建議比薑片晚下一些。有時則是依自己偏好的口味，來決定爆香的先後順序。像是想吃辣一點，就可以先炒辣椒，如果只想有香辣氣味但不想吃起來太辣，就可以晚一點下。

上色

想完美呈現一道菜，就得色香味俱全，而在「色」的部分，通常在滷製食材之前，將肉類先稍微翻炒一下，加入砂糖，待糖焦化之後，顏色就會更漂亮。或者直接淋上醬油，讓醬色先附著在肉上，再炒一下，之後再放入水，進行下一步的滷製動作，顏色就會上得很漂亮。

滷製

滷汁比例是個微妙的問題，完全視個人偏好的鹹度或醬油品牌不同，以及看肉塊的大小來決定，如果肉的體積較小，大多使用醬油：水 = 1：4～6 即可。如果滷的是日式叉燒這種一整塊很大的肉，就建議下鹹一點，比較容易入味。

如果同時想滷肉又滷蔬菜，就必須依食材特性來決定順序，不容易軟爛的先滷。也就是肉先滷一陣子之後，再放入根莖類蔬菜；但如果只想吸取蔬菜的甜味，並沒有要直接吃蔬菜，就可以跟肉類同時滷。

滷製食材時，若讓滷汁完全淹沒食材，會耗費太多醬油，事後會剩餘太多滷汁，所以我大概都會估個八分滿，並在燉煮過程約一半時間時，一一將食材翻面，確保食材的每一面皆均勻上色。要滷多久則依喜歡的口感而定，或是到肉軟爛為止。基本上，肉越小塊、滷製時間越短；肉越大塊、滷製時間越長。

剩下的滷汁可用篩網過濾後，放入塑膠袋中放入冰箱冷凍起來。下次要滷肉時，就可以拿出來使用，香氣更足，也可以減少醬油的用量。

Tips

老滷汁建議重複使用一次就好，如果曾滷過豆腐，就不建議再使用。

異國風料理與中式甜湯的製作重點

書中除了中式料理外，也有不少日式和韓式料理，對料理新手來說，可能覺得我連中式都搞不定了，再學異國風味料理會不會太難。其實，只要用對調味，在家也能輕鬆複製出各國風味料理喔！

• 韓式料理

泡菜豆腐鍋、大醬豆腐鍋、韓式炒年糕及部隊鍋的製作重點，就是韓式辣醬與大醬。許多韓式料理的主要風味，都是用這兩種醬料調製而成。有些單用辣醬（韓式炒年糕鍋）或大醬（大醬豆腐鍋），有時則需要兩種一起放，但比例略做調整，就會產生不一樣的風味，如部隊鍋和泡菜豆腐鍋。

• 日式料理

關東煮和馬鈴薯燉肉兩種日式料理都需要使用日式高湯，但跟中式料理不一樣的地方在於，熬煮日式高湯的時間很短。只需要把昆布與柴魚放入水中，快速煮10分鐘，即可完成香氣十足的日式高湯。對時間有限的媽媽們和上班族來說，是很方便的高湯製作方式。

• 中式甜湯

書中也介紹了幾道非常好喝的中式甜湯，製作時的重點是，如果同時放入不同的豆類或穀類時，要先清楚食材本身是否能同時煮熟。如果沒辦法，一定先處理要熬煮時間久一點的食材，例如事先浸泡或先下料燉煮。

如果是容易煮到噗鍋的食材，像白木耳、紅豆和綠豆等，若不想因擔心噗鍋而得一直站著顧爐火，建議可以轉為小火，然後開蓋熬煮，或是選擇使用雙層蓋的直火炊飯鍋，就不必煩惱了。

陶土鍋的
使用方式

在這個篇章中,我們將仔細介紹本書的主角——陶土鍋,了解鍋具的特性後,才能將鍋具的優點發揮到淋漓盡致,做出最美味的各種料理。

本書使用的陶土鍋

我一直很喜歡日本商品，總覺得特別有質感且設計細緻，從產品中，可以看到日本職人細膩的精神，而這次使用的MIYAWO宮尾陶土鍋，就是這樣一款令人信賴的鍋具。

「陶土鍋」，又稱為「陶鍋」、「土鍋」，或是「砂鍋」。對於中式烹飪手法來說，極為適用此類材質的鍋具，而台灣人在陶鍋的應用上也特別廣，特別是冬天，燉個補湯、煮個甜品，更是少不了保溫性極佳的陶鍋，尤其在端離爐火之後，還能一直保持湯頭滾燙、咕嘟咕嘟的賣相，更讓人感到特別溫暖與療癒。

雖說陶土鍋有這麼多優點，但令多數人望之卻步的理由，大概就是使用起來有點麻煩，特別是在保養鍋具這部分。有些要確實晾乾，不然容易發霉或是產生裂痕；有些則因為鍋子毛孔較大，煮完重口味菜色之後，再煮下一道時，就會沾染氣味，讓人在購買想砂鍋時考慮再三。

但在我使用日本MIYAWO宮尾陶土鍋一陣子之後，發現這款鍋具並無上述缺點，反而美觀又耐用，又不如鑄鐵鍋厚重，還能燉煮、清蒸、熱炒、煎烤，一鍋多用，成為我廚房中的必備工具。

MIYAWO陶土鍋的特色

我發現台灣人對於陶土
鍋都有份莫名的喜愛，
可能是因為在暖暖的冬
季裡，看到陶土鍋就聯想到火鍋、聚會與團圓。幾乎每家每戶，都會想買一
款放在家中使用，但一般陶土鍋保養起來很麻煩，讓許多人因而卻步。如果
可以避開這些缺點，相信一定會有更多人願意擁有它。

以下來說明MIYAWO陶土鍋的使用心得，讓大家可以更快上手。

● 不需開鍋，清洗後即可使用

因質地細密，第一次使用，不需開鍋，只需以洗碗精簡單清洗後，便可直接
使用。其他陶鍋買回家之後，大多需要先熬粥來開鍋。（其他鍋具請詳見該
商品說明）

● 無需養鍋，食材不串味

通常陶鍋在使用一段時間後，因為毛孔容易吸附煮過食材的味道，因此，需
要在鍋中放入茶葉水加熱來做定期保養。但MIYAWO陶土鍋可以省去養鍋的
步驟，也不用擔心會串味。

● 一鍋多用，適用多種料理方法

書中所有介紹的鍋型，都可以拿來煮、燉、煎、炒、烤（但不能炸）。一道
先炒再燉煮的料理或是先煮後烤，都可以在同一個鍋子中完成。

• 耐冷熱溫差達500℃，可從冰箱取出後直接加熱

MIYAWO陶鍋在設計時，整體鍋身厚度一致，耐熱溫差達500℃，即便急冷、急熱也不會發生爆裂狀況。所以前一天沒吃完的菜，能連鍋入冰箱冷藏保存，隔天從冰箱拿出來後，不用退冰，可以直接放在爐火上加熱，其他陶鍋則不建議這樣操作。

• 清潔方便，清洗晾乾即OK

使用完畢，只要簡單清洗，然後晾乾之後，再收起來便可以了。若鍋底黏有食物殘渣，建議泡水10分鐘後用粗菜瓜布（或鋼刷）刷洗，也不會刮花表面。

若家中有洗碗機也可以放進去清洗，但若是大容量的陶鍋，受限於洗碗機大小，可能無法放進去，所以大容量的陶鍋，我就會選擇手洗。

• 適用多種爐具

MIYAWO陶鍋全系列適用瓦斯爐、遠紅外線爐、鹵素爐、烤箱、電鍋、微波爐。另一個IH系列，因採用特殊工藝技法製作，除了以上爐具外，還可以放在IH爐上使用，這點與其他陶鍋有明顯的區別。

本書使用到的陶鍋

陶鍋有不同款式與尺寸，到底在使用上有什麼差別呢？以下就來介紹每款鍋的特性及適合的料理。

本書使用容量：3L（另有2L／5L尺寸）
適用爐具：瓦斯爐、遠紅外線爐、鹵素爐、烤箱、電鍋、微波爐
清潔方法：手洗或洗碗機（這款鍋比較重，建議用手洗）

• 直火炊飯陶土鍋

有著少見「雙層蓋」設計的直火炊飯陶土鍋，主要功能為方便加壓並保留更多食材的香氣，特別適合用來煮飯。

以往我用鑄鐵鍋煮飯，發現沸騰時很容易噗鍋，必須匆忙地跑回瓦斯爐前把火關小，略開一點鍋蓋，等到燜的階段，再把鍋蓋蓋回去。但直火炊飯陶土鍋，可以從從容容地將米洗乾淨，倒入適量水，蓋上雙層鍋蓋，計時13～14分鐘，關火再燜個15～20分鐘就可以囉！

食材量適中時，在烹煮過程中，噗鍋現象僅發生在內蓋，不會溢出。放上蓋可減少很多困擾。

除了煮飯之外，滷肉或是煮甜湯當然也沒問題，絕對萬用。如果要滷大量的肉類，建議選擇使用5L的容量或其他大容量的陶土鍋。

本書使用容量：0.55L
適用爐具：瓦斯爐、遠紅外線
爐、鹵素爐、烤箱、電鍋、微波爐
清潔方法：手洗或洗碗機

• 直火陶板鍋

這是最容易入門的小鍋款式，不佔空間又多用途。

我常把陶板鍋放入小烤箱內，來製作焗烤料理，完成之後可直接上桌。當然，放置在爐火上烹煮也沒問題，像是橄欖油蒜味蝦（p.68）或者酒蒸蛤蜊（p.74）等菜色都很方便。因為小巧可愛，也很適合當成麵包或甜點的模具喔！

> **Tips**
>
> 烘焙的部分，由於陶鍋導熱不像金屬那麼快，所以烘烤時間要比用金屬模具再拉長一些時間。

本書使用容量0.72L（另有2.7L）
適用爐具：瓦斯爐、遠紅外線
爐、鹵素爐、烤箱、電鍋、微波爐
清潔方法：手洗或洗碗機

• 直火陶土湯鍋

這款直火陶土湯鍋的底部特別設計成圓弧形，適合放在瓦斯爐或卡式爐上。其中，0.72L容量的很適合煮一人份的湯麵，做鍋燒意麵、煮辛拉麵，瞬間讓用餐質感提升。此外，用來做一人份的泡菜豆腐鍋（p.58）也非常加分，吃到最後一口都還暖呼呼的，這款鍋具受限於容量，並不適合用來做先炒後煮的料理。

本書使用容量：4L
適用爐具：瓦斯爐、遠紅外線
爐、鹵素爐、烤箱、電鍋、微波爐
清潔方法：手洗或洗碗機（若洗
碗機容量太小，會放不下）

• 直火深型湯鍋

約8人份容量，高度比一般陶鍋深，最適合冬天用
來燉煮補湯，一次可放入大量食材，就連放入全雞
都不怕滿鍋，拿來圍爐煮薑母鴨、羊肉爐也沒問
題。特別在年節前，就可以拿來燉煮大量肉類，如
滷牛腱、牛肚、牛筋（p.119）。

• IH 陶土湯鍋花紋系列

這系列的最大特色，是可以直接放在IH爐與電磁
爐上使用，再加上漂亮典雅的花紋鍋蓋，特別適
合用來送禮。紅紋蓋的是2.7L容量，可煮5～6人份
的湯品，通常可用來熬煮牛肉湯（p.88）、白菜滷
（p.126）、排骨湯（p.130）等。藍紋蓋的是1.7L
容量，適合3～4人的湯品。如果你也喜歡簡便料
理，像是用市售快速高湯包煮個番茄蛋花湯、或
是快煮料理，如麻油雞（p.136）、培根甘藍蘑菇
（p.56）等，都非常實用。

1.7L的容量也很適合做辣媽的手撕麵包食譜，可
用書裡材料的份量直接×1.25倍，接著任意分割成

本書使用容量：2.7L、1.7L
適用爐具：IH爐、瓦斯爐、遠紅外線爐、鹵素爐、烤箱、電鍋、微波爐
清潔方法：手洗或洗碗機

6～7等份，放到鋪好烘焙紙的陶鍋中，後發時間則跟書上標示的一樣，烘烤時間略微延長，就能烤出漂亮好吃的手撕麵包。

這款2.7L IH陶鍋，另外還搭配了蒸盤，可一次做兩道料理，既豐富了菜色，更省時省力。我常拿來做蒸鮮鍋（p.94），邊吃邊聊天，原汁原味、低卡又健康。

• IH 寬口湯鍋

這款顏色特殊的湯鍋真的好美，同樣可以直接放在IH爐與電磁爐上使用。由於鍋口寬，很適合用來料理壽喜燒、部隊鍋（p.62）或關東煮（p.91），也因為底部面積比其他鍋款更大，可以一次擺放較多種類的食材，適合運用在需要翻拌後燉煮的菜色，如書中的義大利肉醬（p.98）或法式紅酒燉牛肉（p.116）。

本書使用容量：3.3L（另有2L容量）
適用爐具：IH爐、瓦斯爐、遠紅外線爐、鹵素爐、烤箱、電鍋、微波爐
清潔方法：手洗或洗碗機（若洗碗機容量太小，需手洗）

用陶土鍋來煮香噴噴的飯和粥

接著,就來利用陶土鍋來煮一般認為最難、也是最簡單的白飯和清粥了。覺得難的人在於害怕直火會燒焦,還得花時間一直盯火,否則迎來的就是失敗;覺得簡單的人則想,不就是米和水的比例變化,又會有多難呢?

煮飯不是用電子鍋就好了嗎?為什麼要用直火煮呢?就因為陶土鍋煮出來的飯粒粒分明,每顆米都軟中帶Q,那種細嚼之下,越吃越香的口感,真的很難令人不愛上呀!

陶土鍋煮飯,一開始需要點時間適應,但在我反覆實驗之後,把這些心得寫在食譜裡,相信大家一定可以很快上手,餐餐享受到好吃的陶鍋米飯。

鍋具 3L 直火炊飯陶土鍋　　煮 14分鐘　燜 15-20分鐘

白米飯

陶鍋煮出來的白米飯，粒粒分明且軟中帶點Q的口感，非常好吃！這個作法不需要先浸泡白米，非常節省時間。

材　料（4人份）

白米 2杯
水 2.2杯

作 法

1. 將米洗乾淨，倒入水（建議使用過濾水）（圖❶），蓋上雙層鍋蓋（圖❷❸），開中火，並計時13～14分鐘。

2. 等到鍋子中的水沸騰且竄出蒸汽時（約7～8分鐘），再轉為中小火（圖❹），直到計時器響起。把火關掉，再燜15～20分鐘。

3. 開蓋之後（圖❺），用飯匙翻拌讓熱氣散出來，之後放置2～3分鐘，這樣的米飯才會粒粒分明，更好吃。

> **Tips**
> - 如果想煮出鍋巴，可再多煮1分鐘。即使煮到兩杯米的份量，也完全不用擔心噗鍋，我試過煮1.5杯米，約需13～14分鐘，就會有鍋巴。2杯米，則約14分鐘開始會出現少量的鍋巴。
> - 火力大小要自己適應一下，原則上，開火之後7～8分鐘會出現煮滾的聲音，這樣的火力才是足夠的。
> - 米：水=1：1.1（當然還要看自家的米種，不同品種也會出現差異）。

鍋具 3L 直火炊飯陶土鍋 　煮 16分鐘　燜 20-25分鐘

糙米飯

糙米飯嚼起來比白飯更有口感，推薦給喜歡有點嚼勁的朋友，除了特殊的香氣外，還吃得到米粒的全營養喔！

材料（4人份）

糙米 1杯
白米 1杯
水 2.4杯

42

作 法

1. 將糙米洗乾淨之後，浸泡約2小時（圖❶），之後再度沖洗，備用。

2. 將白米洗乾淨，與糙米一起倒入陶鍋，加入適量的水（圖❷），蓋上雙層鍋蓋（圖❸），開中火，並計時15～16分鐘。

3. 等到鍋子中的水沸騰且竄出蒸汽時（約7～8分鐘），再轉為中小火，直到計時器響起。把火關掉，再燜20～25分鐘即可（圖❹）。

4. 開蓋之後，用飯匙翻拌，讓熱氣散出來（圖❺），之後放置2～3分鐘，這樣的米飯才會粒粒分明，更好吃。

Tips

· 如果想煮出鍋巴，可再多煮1分鐘。即便煮2杯米的份量，也不用擔心會噗鍋。

· 糙米一定要先浸泡，才容易煮透；泡過的水要倒掉，再換新的水。

· 火力大小需依家中的鍋具和爐具調整一下，原則上開火之後，7～8分鐘會出現煮滾的聲音，這代表火力是足夠的。

· 糙米吃起來較有口感是正常的，如果不喜歡太多糙米的咬感，可自行調高白米的比例。

鍋具 3L 直火炊飯陶土鍋　煮 16分鐘　燜 20-25分鐘

清粥

陶鍋煮出來的白粥不會過於軟稠，咬下還能感受到米的顆粒與香甜，滋味非常獨特，簡單配點醬菜，就是幸福的一餐。

材 料（2人份）

白米 1杯
水 6杯

44

作法

1. 將米洗乾淨，放入陶鍋，倒入水（圖❶），蓋上雙層鍋蓋，開中火煮並計時22分鐘。

2. 等到鍋子中的水沸騰且竄出蒸汽時（約12～14分鐘），再轉為中小火，直到計時器響起。把火關掉，再燜20～25分鐘即可。

3. 開蓋後，可依照喜好加水來調整白粥的濃度，只是若加了水，就要再多煮幾分鐘。

Tips

• 因為雙層蓋的設計，米飯只會噗到裡層的鍋蓋，不會噗到外鍋（圖❷）。

• 這樣方法煮出來的白粥，還吃得到米的顆粒感（圖❸）。吃的時候，不妨細嚼一下感受米粒的香甜。

十穀粥

十穀米同時可以吃到多種穀類，豐富營養，再加入黃豆的話，能補充更多蛋白質，整鍋滿滿的都是想給家人的健康心意喔！

材 料（2人份）

黃豆	20g
十穀米	1杯
水	4杯

作 法

1. 黃豆洗乾淨之後，泡水4～5小時（份量外），之後將水倒掉，再沖洗一次。

2. 十穀米清洗乾淨之後，直切放入陶鍋裡面，接著放入黃豆。

3. 加入適量的水（圖❶），蓋上雙層鍋蓋，開中大火並計時22分鐘。

4. 等到鍋子中的水沸騰且竄出蒸汽時（約12～14分鐘），再轉為中小火，直到計時器響起。把火關掉，再燜20～25分鐘即可。

Tips

- 因為雙層蓋的設計，米飯只會噗到裡層的鍋蓋，不會噗到外鍋。
- 十穀米品牌眾多，如果選購的是糙米比例偏高款，請依照該包裝建議先泡水再使用。
- 本食譜裡使用的十穀米，糙米比例很低，所以無需浸泡，可直接煮成米或是粥。

Column

網友們的
私房陶土鍋料理

蘇菲的鮮菇鮭魚炊飯

鍋具　2.2L IH陶土湯鍋

材料

鹽漬鮭魚2片、米1.5杯、舞菇1包、金針菇60g、蔥1根

調味料

鰹魚湯包1包、醬油1大匙、味醂1大匙、米酒1大匙、水1.8杯

作法

1. 鮭魚擦乾後，清除魚刺、去除魚骨備用；米洗淨備用；舞菇去除底部，剝成條；金針菇去除底部切半；蔥切成蔥花。

2. 將作法1中處理好的食材，放入陶鍋中，加入調味料。

3. 作法2開中火煮至沸騰，計時10分鐘。

4. 時間到後，熄火，燜15分鐘，即完成。

黃昱毓的石狩鍋

鍋具　2.7L IH陶土湯鍋

材 料

馬鈴薯2顆、高麗菜1/4顆、豆腐150g、鴻喜菇100g 、鮭魚2大片、水500ml

調味料

烹大師1大匙、味噌50g、牛奶300ml、味醂1大匙、起司條50g、黑胡椒粉適量

Tips

食譜中採用的日本鮭魚已經醃漬具有鹹味，不用再加鹽調味。如果是用沒有處理過的生鮭魚，可嚐一下最後的味道，下適當的鹽調味。

作 法

1. 馬鈴薯、高麗菜切片；豆腐切塊約一口大小；鴻喜菇去除底部剝散。

2. 鮭魚切成片狀，備用。

3. 馬鈴薯放入微波爐，以600W加熱5分鐘取出。

4. 陶鍋放入水、烹大師煮滾，放入鮭魚片及馬鈴薯，加蓋煮5分鐘。

5. 作法4放入牛奶、融化味噌、加入味醂後，放入高麗菜、鴻喜菇與豆腐。

6. 作法5再次煮滾後，即可熄火，放入起司條、撒上黑胡椒粉，即完成。

Minnie Chien的紅燒獅子頭

鍋具 0.55L 直火陶板鍋

獅子頭材料

洋蔥120g、紅蘿蔔40g、蒜頭
15g、豬絞肉600g、板豆腐
400g、雞蛋1顆

材料

大白菜70g、乾香菇10g

調味料Ⓐ

醬油2大匙、醬油膏2大匙、
米酒2大匙、白胡椒粉1/2小
匙、豆瓣醬1大匙、香油1大
匙

調味料Ⓑ

香油1/2小匙、醬油1小匙、
高湯350ml、米酒1大匙、白
胡椒粉1/4小匙

作 法

1. 洋蔥、紅蘿蔔、蒜頭分別去皮後，切小丁備用。

2. 豬絞肉放入大碗，加入調味料Ⓐ，用手攪拌均勻，讓豬絞肉完全吸收味道後，再放入作法1中，攪拌均勻。

3. 接著，放入板豆腐，用手捏拌均勻，再加入雞蛋拌勻即為肉餡。

4. 取60g肉餡，用左右手相互摔成圓球狀。氣炸鍋放入獅子頭，以170℃氣炸10分鐘。

5. 大白菜切塊狀，洗淨後瀝乾；香菇洗淨後，泡水至軟，擠乾後切成條狀。

6. 取陶鍋，倒入調味料Ⓑ中的香油，以小火加熱，放入香菇炒香， 再鋪上大白菜陶鍋底，接著，放入獅子頭、剩餘的調味料Ⓑ，拌勻後煮滾，蓋上鍋蓋，續煮30分鐘，待入味即完成。

吳錦華的肉骨茶鍋

鍋具　4L直火深型湯鍋

材料

帶骨大排骨1斤、蒜頭約5～10瓣、水、大白菜（或高麗菜）1顆、青花菜10～12小朵、蟹肉棒6～10條

調味料

新加坡肉骨茶香料1包、白胡椒粉1/2小匙、蠔油2大匙、米酒1大匙

作法

1. 冷水下排骨汆燙後，取出沖水洗淨。

2. 陶鍋內放入排骨、帶皮的蒜瓣、新加坡香料包、加水超過排骨後，蓋上鍋蓋。

3. 大火煮滾後，轉小火續煮40～60分鐘，等肉軟，撈出油和浮沫。

4. 將作法3的排骨撈出，備用。

5. 加入白胡椒粉、蠔油及米酒，試一下味道，再依自己喜歡的鹹度調整。

6. 陶鍋中放入大白菜，再次煮滾後，轉小火滾約5分後，於外圍放上一圈青花菜，再放上蟹肉棒，中間放上排骨。蓋上鍋蓋，以小火煮1分鐘後，把火關掉，利用餘熱加熱青菜，以保持脆綠度。

Chapter

3

簡單快速的
陶土鍋快煮料理

跳脫出用陶土鍋做料理,只能慢工出細活的框架。
忙碌時,可以選擇本篇方便又省時的快煮料理,步驟簡
單,在30分鐘內即可完成,輕輕鬆鬆端出一道道豐富美
味的菜色。

麻油松阪豬

松阪豬與杏鮑菇口感嫩中帶Q彈，都是適合拿來做麻油料理的食材。這是一道快速料理，備料非常簡單，失敗率超低，是很適合新手入門的一道美味菜餚。

材料（3人份）

杏鮑菇 1朵
松阪豬 .... 1片（約250g）
麻油 1大匙
薑片 .... 10～12片
米酒 100ml
鹽 .... 少許

作法

1. 杏鮑菇切薄片；松阪豬以逆紋方向切成薄片備用（圖❶❷）。

2. 鍋內倒入麻油，放入薑片，再開小火（圖❸）。

3. 慢慢地把薑的香氣煸炒出來（圖❹），至薑片邊緣呈現稍微捲曲。

4. 接著，放入豬肉片炒到上色後（圖❺❻），放入杏鮑菇片，稍微翻炒一下（圖❼）。

5. 再倒入適量的米酒，量約為食材的一半高度，然後將爐火轉到中大火，煮沸後再滾約1～2分鐘，關火。

6. 蓋上蓋子，燜約3～5分鐘（圖❽），開蓋後，下少許鹽調味即完成。

Tips

‧ 若不喜歡酒味太重，可用開水取代部分的米酒量。

‧ 松阪豬盡量切成薄片，並避免烹調時間過長，才能保留口感。

鍋具 1.7L IH陶土湯鍋 豬 炒 3-4分鐘 燜 3-5分鐘

培根甘藍蘑菇

甘藍菜,又稱球芽甘藍或抱子甘藍,是耐於保存的一種蔬菜,略帶苦味,若料理得當,就會營養又美味。培根和蘑菇經油炒香後,能讓甘藍菜吃起來更具甜味,大人小孩都會喜歡,非常適合忙碌的媽媽們。

<u>材 料</u>（2人份）

蘑菇 ....6朵　　橄欖油 1大匙
培根 ....1～2片　　鹽 1/2小匙
蒜頭 ....2瓣　　黑胡椒粉 ....適量
甘藍菜 .... 8～10顆

<u>作 法</u>

1. 蘑菇對切；培根切小片；蒜頭去皮切碎；甘藍洗淨後對切備用。

2. 鍋內倒入橄欖油，放入蒜頭碎，再開火。

3. 接著，放入培根片炒香（圖❶），再放入蘑菇（圖❷），炒出香氣。

4. 再放入甘藍，炒至稍微變色之後（圖❸），蓋上蓋子，燜約3～5分鐘。

5. 最後，撒上黑胡椒粉與鹽調味即完成（圖❹）。

韓式泡菜豆腐鍋

韓式料理做起來比想像中簡單，只要備妥韓國辣醬與大醬兩種醬料，再搭配上微辣微酸的泡菜，就能輕鬆做出開胃的豆腐鍋，在天冷時享用，幸福無比。

材料（1人份）

洋蔥	1/4顆
豆腐	1/2塊
泡菜	80g
金針菇	1/4包
五花肉片	5片
雞蛋	1顆

湯頭

韓國辣醬	2小匙
韓國大醬	1小匙
細砂糖	1/2小匙
水	500ml（或豬骨高湯）

作 法

1. 洋蔥切絲；豆腐切塊備用（圖❶）；金針菇去根部剝散。

2. 辣醬、大醬與細砂糖攪拌均勻之後（圖❷），倒入陶鍋裡（圖❸）。

3. 先鋪上洋蔥絲，隨性擺放上泡菜、金針菇和豆腐（圖❹），加入水或高湯，開火煮滾。

4. 煮到沸騰之後，放入肉片（圖❺），最後打入1顆雞蛋（圖❻），煮約7分熟，蓋上蓋子，燜約1分鐘，即完成。

Tips

· 辣度可以藉由泡菜量與辣醬下的多寡，自由調整。
· 若希望多點飽足感，可事先浸泡一把冬粉，在作法**3**的最後加入。

大醬豬肉豆腐鍋

這是我在韓式餐廳吃過且非常喜愛的一道菜。回家便用大醬來製作湯頭，放入喜歡的配料，就是超好吃的韓式豆腐鍋。這道豆腐鍋的亮點在於事先調味過的豬肉片，豐富了這道湯品的滋味。

材 料（4人份）

豬肉火鍋肉片 350g
洋蔥 1/4顆
板豆腐 1塊
金針菇 1把
新鮮香菇 2朵
高麗菜 1/6顆
韓式魚板 2片
青江菜 1株

醃 料

黑胡椒粉 1/4小匙
鹽 1/2小匙

湯 頭

韓國大醬 2大匙
味霸 ...... 1小匙（可省略）
水 .... 1000ml（或高湯）

作 法

1. 豬肉片以黑胡椒粉與鹽抓醃一下，靜置約10分鐘（圖❶）。

2. 洋蔥切絲；豆腐切塊備用；金針菇去根部剝散；香菇去蒂切厚片；高麗菜
   切片。

3. 大醬與味霸放入陶鍋裡，倒入水，然後放入洋蔥，煮至沸騰（圖❷）。

4. 接著，放入高麗菜、金針菇、豆腐、香菇及韓式魚板（圖❸）。

5. 煮約10分鐘，至沸騰後放入肉片（圖❹）與青江菜，再次煮滾，即完成。

Tips
- 鹹度可依照個人喜好，斟酌是否加鹽調味。
- 調味過的豬肉片很好吃，建議多放一些。
- 一定要放金針菇與洋蔥，這道湯品的味道才會鮮甜。

部隊鍋

部隊鍋是韓國人冬天最愛吃的料理之一，同樣是使用韓國辣醬與大醬兩種常備醬料完成的家庭料理，除了必備的午餐肉之外，也可以不拘泥地加入個人偏好的火鍋料。

材料（3人份）

洋蔥 1/3顆
德式香腸 1根
蔥 1根
金針菇 1把
泡菜 100g
韓式魚板 ....1～2片

韓式年糕 8條
午餐肉 3片
韓式泡麵 1包
起司 1片

湯頭

韓國辣醬 1大匙
韓國大醬 1大匙
細砂糖 1小匙
水 ....500ml（或高湯）

作法

1. 洋蔥切絲；香腸切小段；蔥切成段；金針菇切去根部備用（圖❶）。

2. 辣醬、大醬與細砂糖攪拌均勻後（圖❷），放入陶鍋裡，再倒入水。

3. 放入洋蔥絲鋪底（圖❸），隨性擺放上泡菜、金針菇、韓式魚板、年糕、香腸與午餐肉。如果年糕偏硬，不妨先煮一下再放入。

4. 煮到沸騰後滾3～5分鐘，確定食材都熟後，放入泡麵，再煮約3分鐘，放上起司片即完成（圖❹）。

> **Tips**
> ・辣度可藉由泡菜及辣醬量的多寡，來調整成個人喜歡的程度。
> ・午餐肉及香腸本身皆已有鹹味，建議上桌前先試喝一口湯，再決定是否需要另外放鹽。

三杯雞

沒想到餐館裡熱門的菜色三杯雞這麼簡單，材料還都是家中的常備食材。重點是成品夠味又下飯，是深受歡迎的台菜之一。

材料 （2～3人份）

帶骨雞腿肉
.... 約500g（仿土雞）
麻油 1.5大匙
老薑 .... 7～8片
蒜頭 .... 4～5瓣

辣椒 1/2根
九層塔 1把

調味料

醬油 2大匙
細砂糖 1/2大匙
米酒 2大匙

Tips
- 各家醬油品牌的鹹度不一，使用量可依照自家口味調整。
- 如果喜歡吃辣一點，可以在爆香時就先放入辣椒。

作法

1. 帶骨雞腿剁成適當大小，沖洗乾淨後，用紙巾略擦乾。（不要切太小，肉煮完都會縮，我會直接告知肉攤我要做三杯雞，請他們切好）。

2. 老薑切成薄片；蒜頭去皮；辣椒切成圈（圖❶）；九層塔洗好，留葉備用。

3. 麻油入鍋，放入薑片（圖❷），用小火慢慢把薑的香氣煸出來，直到薑片略微捲曲（圖❸）。

4. 放入蒜頭，繼續炒香（圖❹）。

5. 放入雞腿塊（圖❺），炒到變成白色，倒入醬油與細砂糖，炒到上色（圖❻）。

6. 倒入米酒之後，煮滾，再蓋上鍋蓋，煮10～15分鐘，直到雞肉軟了即可（圖❼）。

7. 開蓋之後，放入辣椒圈（圖❽），開大火翻炒到收汁。

8. 醬汁快收乾前，放入九層塔（圖❾），略翻炒後，即完成。

三杯杏鮑菇

深受歡迎的三杯料理其實不限於葷食，把雞腿換成杏鮑菇，簡單調整一下步驟，也是
一道非常美味的下飯菜。

材 料（1～2人份）

杏鮑菇 200g
老薑 .... 4～5片（薄片）
蒜頭 .... 1～2瓣
沙拉油 1小匙
辣椒 .... 適量
九層塔 1把

調味料

麻油 1大匙
醬油 1大匙
細砂糖 1小匙
米酒 1大匙

作法

1. 杏鮑菇切成適當大小的塊狀，由於烹調之後會縮水很多，請勿切太小塊。

2. 老薑切片；蒜頭去皮備用；辣椒切斜段；九層塔洗淨留葉。

3. 陶鍋裡放入沙拉油與杏鮑菇塊（圖❶），炒到略微出水之後，盛盤備用。

4. 將陶鍋的水分擦拭掉之後（如果有水的話），放入麻油，轉小火，把薑與蒜頭煸出香氣（圖❷）。

5. 放入杏鮑菇塊（圖❸），放入入醬油、細砂糖與辣椒段（圖❹），炒到上色（圖❺）。

6. 倒入米酒後煮滾，續煮到汁變得濃稠，抓一把九層塔放入（圖❻），稍微翻炒出香氣即完成。

Tips
- 各家醬油品牌的鹹度不一，使用量可依照自家口味調整。
- 如果喜歡吃辣一點，可以在爆香時就先放入辣椒。

橄欖油蒜味蝦

這道來自西班牙的下酒菜——橄欖油蒜味蝦,將作法加以簡化成好吃又快速的方便料理,只要家中有常備的冷凍蝦仁,隨時都能端出這道好菜,搭配麵包與白酒,輕鬆度過悠閒的晚餐時光。

材 料（2人份）

蒜頭 ....2～3瓣
橄欖油 1大匙
大蝦仁（去殼留尾）..10尾

鹽 1/2小匙
黑胡椒粉 ....適量
蔥花 1/2根

作 法

1. 蒜頭去皮，切片備用。

2. 鍋陶鍋內放入橄欖油與蒜片，開火，炒香之後，放入蝦仁（圖❶）。

3. 蝦仁翻炒至上色後（圖❷），若蝦仁較大，可稍微蓋上蓋子燜一下（圖❸）。

4. 最後，加入鹽與黑胡椒粉調味，再撒上蔥花，除了提味外，也增添整體的色澤。

Tips

· 購入的蝦仁大小皆不同，請依實際情況斟酌數量。

· 這道料理不宜烹調過久，蝦仁的肉質會變得過硬，不好吃。

· 煮完後，可直接連同鍋子一起上桌，方便又美觀。

韓式炒年糕

韓式炒年糕是我女兒最喜歡的料理之一，我自己不敢吃太辣，所以真的是為了她才做的。一般韓式炒年糕的口味偏甜，自己在家做，就可以依照個人喜好調整。

材料（1人份）

水 ....300ml（或高湯）
韓式年糕 250g
韓式魚板 ...1片（可省略）

醬汁

韓國辣醬 2小匙
醬油 1小匙
細砂糖 1小匙
蒜泥 5g

作法

1. 把辣醬、醬油、細砂糖與蒜泥攪拌均勻（圖❶），直接放入鍋內。

2. 倒入水，放入年糕，再開火加熱（圖❷），中途要稍微翻拌，避免年糕黏鍋。

3. 煮到沸騰之後，放入切成小片的韓式魚板，續煮等慢慢收汁（圖❸），即完成。

Tips
‧ 如果喜歡更辣的朋友，可在作法2再加入適量韓國細辣椒粉。
‧ 醬油使用台式醬油即可。

韓式海帶湯

我很喜歡帶有一股特別的香油味與蒜味的韓式海帶湯，加上入口軟軟的海帶，營養價值高、熱量低，特別適合女生食用，每次去韓式餐廳，都很期待可以品嚐這道料理。

材 料（4人份）

蛤蜊	15～20顆
乾海帶	10g
香油	1大匙
蒜末	2瓣（約12g）
水	1000ml
鹽	1小匙

裝 飾

蔥花	1/2根
熟白芝麻	1小撮

作 法

1. 蛤蜊吐沙洗淨；乾海帶泡在水（份量外）中1分鐘（圖❶），泡開之後，剪成小段備用。

2. 香油與蒜末放入陶鍋裡面，開火爆香（圖❷）。

3. 放入海帶炒香（圖❸），倒入水（圖❹），煮滾後，計時續煮10分鐘。

4. 放入蛤蜊（圖❺），煮到蛤蜊打開為止（約5分鐘左右）。

5. 如果香氣不夠，可淋點香油（份量外），撒上蔥花與白芝麻，即完成。

 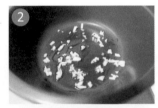 

Tips
- 香油可依照個人喜好增減，我使用的是日式胡麻油，也可以改用韓國芝麻油。

酒蒸蛤蜊

這是一道只需要4分鐘就可以完成的下酒菜,吃得到蛤蜊的鮮甜,完全呈現出海鮮的原汁原味。在日式居酒屋必點的人氣料理,在家中也能輕鬆完成。

材 料（2人份）

蛤蜊 ....約20顆　　水 1大匙
薑絲 ....2片　　蔥花 1/2根
米酒 1大匙

作 法

1. 將蛤蜊先放入陶鍋內，在上方擺上薑絲，倒入米酒與水（圖❶）。

2. 蓋上鍋蓋（圖❷），煮約3～4分鐘，確認蛤蜊都打開了，撒上蔥花即完成。

Tips
- 烹調過程中記得爐火不要開太大，會很容易噗鍋。
- 因蛤蜊本身含鹽分，完全不需另外放鹽調味，完成的湯汁很鮮美，一定要好好品嚐。

Chapter

4

方便飽肚的
飯麵一鍋煮

中西式隨心變化，只要將食材按順序放入鍋中，運用陶鍋的高保溫性，先煮再燜，就能完成一鍋到底的各式飯麵料理，有菜、有肉又有主食，整鍋端上桌就是令人滿足的一餐。

古早味米粉湯

家常料理珍貴之處，在於方便做、食材容易取得，重點是煮出來又好吃，而米粉湯就是這樣一道可以輕鬆完成的料理。香濃的古早滋味，一口米粉、一口湯，令人感到好幸福。

材 料（2人份）

肉絲 200g	水 1000ml
乾香菇 .... 10朵（小）	米粉（炊粉） 1把
金勾蝦 5g	紅蔥酥 1大匙
紅蘿蔔 1/4根	
芹菜 1根	## 醃 料
蒜苗 1/4根	
沙拉油 2小匙	醬油 2小匙
雞高湯 200ml	香油 1/2小匙
	白胡椒粉 1/4小匙

調味料

白胡椒粉 1/2小匙
鹽 2小匙

作 法

1. 肉絲與醃料放入小碗中，抓醃靜置10分鐘（圖❶）。

2. 香菇與乾蝦仁洗淨後，泡水軟化後取出備用。

3. 紅蘿蔔切絲；芹菜切小段；蒜苗切斜片備用。

4. 沙拉油放入陶鍋後，開火放入香菇與乾蝦仁（圖❷），炒出香氣之後，放入肉絲續炒（圖❸）。

5. 加入高湯與水，煮到沸騰（圖❹）。

6. 放入紅蘿蔔絲，煮一下（圖❺）。

7. 放入炊粉、紅蔥酥及芹菜段，煮到炊粉軟了之後，放入蒜苗片，最後加入白胡椒粉與鹽調味就好（圖❻）。

Tips
- 高湯與水也可以用五行蔬菜排骨湯的湯頭來取代，會有媲美專業餐廳的美味。
- 白胡椒粉的用量可依照個人喜好調整。
- 我使用比較耐煮的炊粉，也可以換成米粉，建議煮好之後盡快吃完。
- 大家也可依喜好加入其他食材：像是芋頭塊或是小卷等海鮮，變化出更多口味。

鍋具 3L 直火炊飯陶土鍋　豬　煮 14分鐘 燜 20分鐘

陶鍋銷魂飯

陶鍋除了煮白飯之外，也非常適合這款一鍋煮的料理，放進香腸與香菇，增添飯的香氣，再搭配半熟荷包蛋與香濃的醬汁，大大吃進一口，真是銷魂啊！

80

材料（4人份）

白米	2杯
水	2又1/4杯
香菇	4朵
香腸	3條

醬汁

蠔油	1大匙
醬油	1大匙
水	2大匙
細砂糖	3g

（如果醬油比較鹹，糖可多放一點）

配料

半熟荷包蛋
燙青江菜

作法

1. 白米洗淨後加入水（圖❶），放入香腸與香菇（圖❷）。陶鍋蓋上兩層蓋子。

2. 轉中大火，約7～8分鐘冒出蒸氣之後（圖❸），轉中小火。總共煮14分鐘。

3. 關火燜約20分鐘。

4. 開蓋取出香腸與香菇（圖❹），香腸切片，再用飯匙翻攪讓蒸汽散出，過3分鐘後再吃。

5. 淋上適量醬汁（圖❺），擺上香腸片與香菇。若想讓菜色更豐盛，可再加上荷包蛋與燙青菜。

Tips
如果想煮出鍋巴的話，建議多煮1～2分鐘後，再關火。

麻油雞飯

一般麻油雞多半是搭配麵線，若想省點事一鍋到底又能增加飽足感，麻油雞飯是香又好吃的最佳選擇。

材料（4人份）

去骨仿土雞雞腿塊
.....................1隻（約450g）
白米 2杯
沙拉油 1/2大匙
麻油 1/2大匙
薑片 ....6～7片
鹽A 1/4小匙

水 .... 2杯（約320ml）
枸杞 10顆

調味料

麻油 1小匙
鹽B 1/4小匙

作法

1. 將雞腿塊沖洗乾淨，以廚房紙巾擦乾後備用（圖❶）；白米洗淨備用。

2. 在陶鍋內放入油與麻油，加熱後，放入薑片煸出香氣（圖❷）。

3. 接著，放入雞腿塊，炒到上色（圖❸），放入鹽A，再炒一下（圖❹），調味過，雞肉會更有味道。

4. 再倒入白米，翻炒一下，倒入2杯水（圖❺），放入枸杞。

5. 蓋上雙層鍋蓋，以中火煮7分鐘，之後轉中小火，再煮7分鐘，關火後燜20分鐘。

6. 開蓋，用飯匙攪拌（圖❻），以散出熱氣，淋上適量麻油，再加入鹽B，做最後調味，建議靜置3分鐘後再吃會更美味。

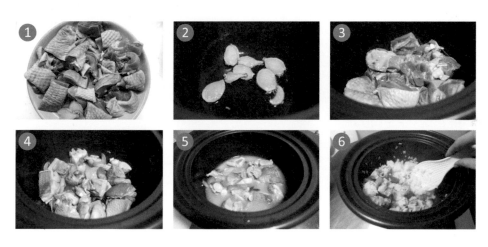

Tips

- 若希望薑味濃一點，可以多放一些薑片。
- 家中若沒有枸杞，可以省略不放。

雞肉野菇炊飯

日式炊飯,開鍋的香氣讓人垂涎三尺,是一碗搞定蔬菜和雞肉的營養省時料理,清爽美味,對媽媽們來說,是忙碌時的福音。

材料(3人份)

白米 1又1/2杯	紅蘿蔔 1/4根
雞胸肉丁 300g	水 1又1/2杯
油 1/2大匙	日式醬油 2小匙
蒜片 ....2～3瓣	
鴻喜菇 1/2包	
杏鮑菇 1根	

醃 料

鹽麴 1大匙	
黑胡椒粉 1/4小匙	

作 法

1. 白米洗淨備用；鴻喜菇去根部剝散；杏鮑菇切成絲；紅蘿蔔切小丁。雞胸肉切丁後，用鹽麴與黑胡椒粉抓醃約30分鐘（圖❶）。

2. 鍋子內倒入油，放入蒜片爆香（圖❷）。

3. 放入雞肉丁與剝散的鴻喜菇（圖❸），翻炒到略熟。

4. 倒入白米、水、杏鮑菇絲（圖❹）與紅蘿蔔丁，蓋上蓋子（圖❺），開中火並且計時15～16分鐘。

5. 等到水沸騰且竄出蒸汽來時（約8～9分鐘的時間），再轉為中小火，直到計時器響起。把火關掉，再燜20～25分鐘。

6. 開蓋後，用飯匙攪拌（圖❻），再下一點日式醬油（或鹽）來調整鹹度，即完成。

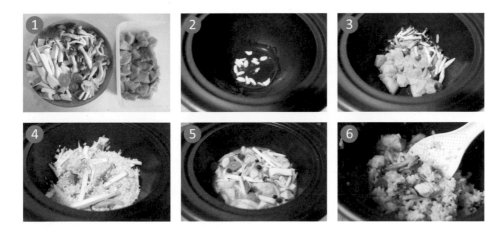

Tips

· 若喜歡有鍋巴的口感，開火煮的時間可以多延長1分鐘。

花雕雞火鍋

台灣平民料理「花雕雞」，酒香撲鼻，吃過一次，就會令人念念不忘。而且還可以一鍋兩吃，吃到一半時，加入一些高湯，再放入豬血糕、蔬菜等火鍋料續煮，一樣美味。

材 料（3人份）

帶骨雞腿肉 ..1隻（約450g）
麻油 1大匙
花雕酒 2大匙
醬油 1大匙
醬油膏 1大匙
水 150ml

醃 料

醬油 1大匙
醬油膏 1大匙
花雕酒 1大匙

辛香料

蔥 3支
薑 5片
蒜頭 4瓣
辣椒 1根

作 法

1. 雞腿切塊後，放入醃料醃漬約30～60分鐘（圖❶）。

2. 蔥切成段；薑切薄片；蒜去皮；辣椒切小段（圖❷）。

3. 鍋內倒入麻油，放入蔥薑、蒜及辣椒（留一點最後放），然後開小火。慢慢地煸炒出辛香料的香氣（圖❸），至薑片邊緣呈現稍微捲曲狀。

4. 取出醃料中的雞腿塊，放入作法3鍋中炒上色後（圖❹❺），倒入醃料剩餘的醬汁以及材料中的花雕酒、醬油與醬油膏，再翻炒一下。

5. 最後，加入水（圖❻），煮沸後約滾15～20分鐘確認雞肉熟了，再放入少量辣椒，翻炒一下，即可起鍋（圖❼）。

6. 想吃火鍋的，可以先取出雞肉，加入適量的水或高湯（份量外），煮滾後放入喜歡的火鍋料，再將雞肉擺放上去，補上少許鹽與醬油調味（圖❽），就完成花雕雞火鍋了。

Tips
- 喜歡吃辣一點的，可在一開始就放入所有辣椒翻炒。
- 煮火鍋的話，因為蔬菜較易吸收鍋中的香氣與油脂，是必加的食材。

台式牛肉麵

家常牛肉麵的步驟相當簡單，即使是新手也可以快速學會。因為新鮮的牛肉本身就帶有鮮甜味，即使沒額外放滷包，也很好吃喔！

材 料（4人份）

牛腩 500g	蒜片 ....4〜5片
黑柿番茄 2顆	油 1大匙
洋蔥 ....1顆（大）	水 600ml
蔥段 1根	紅蘿蔔塊 1根
薑片 ....2〜3片	煮熟家常麵 1把
	煮熟青江菜 1把

調味料

醬油 120ml
細砂糖 ....1〜2茶匙
辣豆瓣醬 2小匙
八角 1個

作 法

1. 牛腩洗乾淨後擦乾，去除多餘的油脂部位後切塊（圖❶❷），長度約5公分長，因肉煮完之後會縮水，建議不要切太短。

2. 番茄與洋蔥切大塊狀，備用（圖❸）。

3. 蔥段、薑片、蒜片與油下鍋,以小火爆香後(圖❹),放入牛肉塊煎上色(圖❺),倒入醬油與細砂糖炒上色(圖❻❼),煮到滾後再煮約1分鐘(圖❽)。

4. 倒入水之後,再放入豆瓣醬、洋蔥塊及番茄塊,蓋上鍋蓋,煮約40～50分鐘(圖❾)。

5. 然後放入紅蘿蔔塊(圖❿),再煮15分鐘,待紅蘿蔔熟透即完成。

6. 另取一碗,放入煮熟的麵以及青江菜,便成為美味的牛肉麵了。

Tips
◆ 醬料比例為醬油:水約 1:5,但仍需依照使用的醬油口味做調整。
◆ 牛肉湯料理放一天熟成後,再享用會更美味。

日式關東煮

自家煮的日式高湯快速簡單，天然美味，特別在加入蘿蔔與其他喜歡的食材之後，味道更有層次。搭配上特製的關東煮醬，夠味又好吃，吃完料後的湯融合了食材的風味，鮮甜可口，還不夠孩子們喝呢！

材 料（4人份）

白蘿蔔厚片 1根
玉米段 1根
杏鮑菇塊 1根
去蒂新鮮香菇 3朵
魚豆腐 4個
黃金蛋 4個
福袋 2個
蟹肉棒 2條

湯 頭

昆布 20cm
水 1000ml
柴魚片 30g
日式鰹魚醬油 4大匙
細砂糖 8g
鹽 1/2小匙

關東煮蘸醬

白味噌 1大匙
甜辣醬 1大匙
細砂糖 10g
水 ....3～4大匙

蘸醬作法

1. 將蘸醬所有的材料放入小碗攪拌均勻即可。味噌份量須依照自家味噌味道的鹹淡，自行調整合適的比例。

關東煮作法

1. 昆布簡單擦拭乾淨後，剪成段，備用。

2. 用小鍋煮水，待滾之後（圖❶），放入昆布，滾2-3分鐘，取出昆布（圖❷）。

3. 再放入柴魚片（圖❸），煮1～2分鐘，之後用廚房紙巾濾掉柴魚片，將高湯倒入陶鍋中（圖❹）。

4. 如果高湯不足，請用開水補足到約鍋子的一半高度，倒入日式鰹魚醬油與細砂糖，煮到沸騰。

5. 趁空檔將蘿蔔去皮（削皮刀要削兩次的厚度才可以），切成厚片後，將尖角部份去除（圖❺）。

6. 水滾之後，放入白蘿蔔片，燉煮30分鐘（圖❻）。

7. 再放入杏鮑菇與香菇（圖❼），煮約5分鐘之後，放入玉米及其他食材（圖❽），待食材熟透，簡單用鹽調味就可以開動了。搭配蘸醬食用，會更好吃（圖❾）。

健康低卡蒸鮮鍋

陶鍋搭配上蒸盤，就能有不同的變化。以往圍爐都是吃火鍋，這次不妨試試這道保留所有食材原汁原味、清爽又特別的蒸鮮鍋。蒸好後只需搭配蘸醬，就能嚐到最天然的美味。

材料（3人份）

水 500ml
香菇 .... 2～3朵

清爽蘸醬

日式醬油：水= 2：1

※調配好之後，加入適量
　的蔥花、蒜末、辣椒碎
　即可。

※以下所有食材都可依個人喜好增添。

蔬菜盤
地瓜片、紅椒條、玉米塊、
高麗菜片、新鮮香菇片

海鮮盤
蝦、蛤蜊

肉盤
豬肉火鍋片、高麗菜片

粥

白飯 1碗
雞蛋 .... 1～2顆
蔥花 1根
鹽 1小匙
白胡椒粉 .... 少許

作法

1. 香菇浸泡後切片，陶鍋中放入水和香菇，當作高湯底。

2. 放上蒸盤，第一盤建議放蔬菜（圖❶），中大火蒸約8～10分鐘（圖❷），
　即可取出享用。

3. 第二盤是海鮮盤（圖❸），放上蝦子與蛤蜊約蒸3～4分鐘（圖❹），即可享
　用。

4. 第三盤蒸肉盤，底部鋪上高麗菜（圖❺），上方放肉片，蒸4分鐘就好了（圖❻）。

5. 最後的高湯保留了食材的鮮味（圖❼），可用來煮粥。

6. 小心取出蒸盤後，倒入白飯，煮至呈濃稠狀（圖❽），最後打個蛋花（圖❾），撒上蔥花，簡單以鹽與白胡椒粉調味即可（圖❿）。

> **Tips**
> • 同一盤的食材，盡可能挑選厚度或大小相近，或蒸煮時間相近的食材，這樣才能一次完成。
> • 很適合聚餐，一邊聊天、一邊等。比起吃火鍋更增添許多樂趣。
> • 需留意選擇食材適合蒸的時間（蔬菜類通常需久一點），但大部分食材約3～5分鐘便是最佳賞味時間。
> • 如果煮太久，請留意鍋內水分是否足夠，適時補水，以免底部乾燒。

Chapter

5

冰箱常備的
陶土鍋料理

有些料理煮完以後，放著熟成一天後會更美味；有些則適合一次煮較多的份量，分裝後冷凍保存起來，需要時取部份出來享用即可，這便是人人都喜愛的家庭常備料理。

番茄義大利肉醬

番茄義大利肉醬是必備的家庭常備菜，可衍生出多種不同的美味料理，除了番茄肉醬義大利麵之外，也很適合運用在焗烤類料理，或是當成披薩餡料也很適合。

材 料（6人份）

洋蔥	1/2顆	番茄糊	6大匙
蒜頭	3瓣	乾月桂葉	1片
紅蘿蔔	1/3根	水	200ml
番茄	2顆	鹽	1/2小匙
橄欖油	1大匙		
豬絞肉	600g		

作 法

1. 洋蔥切丁；蒜頭去皮之後切片；紅蘿蔔去皮後切丁；番茄切塊備用。

2. 橄欖油與洋蔥丁放入鍋內，慢火炒出香氣，至洋蔥呈現半透明狀（圖 ❶），這樣才會有甜味。

3. 接著，放入紅蘿蔔丁及蒜末，稍微拌炒一下（圖❷）。

4. 放入豬絞肉炒上色（圖❸），再加入番茄塊、番茄糊與月桂葉（圖❹），倒入水，水量需稍微淹過食材。

5. 等到煮滾之後，上蓋，轉中小火，燉煮30～40分鐘（圖❺），再下鹽調味即完成（圖❻）。

Tips
- 可將豬絞肉替換成等量的牛絞肉。
- 麵煮好之後，淋上適量肉醬攪拌，可依個人喜好放上幾葉九層塔裝飾。也可淋上大蒜橄欖油或香草橄欖油提味。
- 肉醬煮好放涼，可分裝之後放入冰箱冷凍，需要時，再取出加熱拌麵，即可完成一餐。

延伸變化

焗烤肉醬筆管麵

自冰箱取出一份冰凍的義大利肉醬解凍，可以搭配條狀的義大利麵，吃起來酸甜開胃，也可以淋在筆管麵上，撒上些香料並放上起司絲，放入烤箱焗烤，又是另一番風味！

材 料（2人份）

筆管麵 .... 40〜50g
義大利肉醬
.... 約200g（參考p.98）
義式香料 .... 撒兩下
黑胡椒粉 .... 少許
起司絲 約80g

作法

1. 煮一鍋水，水滾之後，放入筆管麵煮熟，約需10分鐘左右。

2. 炒鍋裡面放入肉醬，加熱之後放入筆管麵，翻炒一下（圖❶），撒入香料與黑胡椒粉。

3. 陶鍋裡面放入拌好的肉醬筆管麵（圖❷），上面擺放起司（圖❸），小烤箱設定210℃，烘烤10分鐘，或者看到起司已融化上色即可（圖❹）。

Tips
- 如果使用大烤箱，記得一定要先以200℃預熱，免得因加熱時間太長，食物變得太乾。
- 肉醬、麵與起司的份量皆可依照個人食量與口味來調整。

滷肉燥

滷肉燥非常百搭，無論是白飯、麵條、燙青菜都可以淋上一匙。強力推薦大家一次多滷一些，多的分裝在塑膠袋裡面，密封好放入冷凍庫。需要的時候，拿出一包退冰加熱，便能隨時享用。

材料（4～6人份）

紅蔥頭	35g	醬油膏	1大匙
豬皮丁	100g	水	300ml
豬絞肉	600g	細砂糖	15g
米酒	1大匙	去殼白煮蛋	2顆
醬油	100ml		

作 法

1. 於陶鍋中將紅蔥頭炒香，再放入豬皮丁與豬絞肉炒至約9分熟（圖❶）。

2. 接著，下米酒，炒至酒味揮發。

3. 再倒入醬油，炒至上色（圖❷），再放入醬油膏。

4. 然後，倒入水及細砂糖，燉煮60分鐘，再放入白煮蛋（圖❸）。

5. 繼續燉煮，直到豬皮軟化為止，約額外20分鐘（圖❹）。

6. 當餐吃不完的肉燥，可以分裝到塑膠袋入冷凍庫保存，需要時候再取出退冰使用（圖❺）。

Tips

‧豬皮的部分可以在傳統市場購買，如果不吃可省略，
　烹調時間則縮短到60分鐘。

台式滷肉

台式滷肉是我們家怎麼吃都不膩的家常菜，不需要過多的調味料，簡單的爆香，再加上醬油調味，就是令人回味十足的傳統美食。

<u>材 料</u>（4人份）

薑 .... 2～3片	細砂糖 2小匙
蒜頭 .... 2～3瓣	醬油麴（p.106）...... 1大匙
梅花豬 600g	鹽 1/4小匙
油 1/2大匙	水 600ml
醬油 120ml	去殼白煮蛋 5顆

作法

1. 薑切成片；蒜頭拍碎備用；梅花豬肉切塊備用。

2. 陶鍋內下油，放入薑片、蒜末，開中小火，炒香（圖❶）。

3. 接著，放入梅花豬肉塊（圖❷），炒到上色之後，先倒入醬油與細砂糖（圖❸），翻炒至上色均勻。

4. 再加入醬油麴、鹽與水之後，蓋上雙層蓋。滷約30～40分鐘，就可以端上桌吃了（圖❹）。

5. 若想吃滷蛋，可加入白煮蛋（圖❺），再多煮10分鐘熄火，放到隔天加熱吃會更入味。

 Tips
- 剛煮好的滷肉已很軟爛可以當天吃，隔天吃會更入味。
- 滷蛋浸泡在滷汁中時，建議隔幾小時翻個面，上色會更均勻美觀。
- 沒有醬油麴的話，可以省略。

自製醬油麴

醬油麴的香氣，比起醬油來更顯層次，非常適合用來滷肉或是拿來醃漬肉類。但因為市面上不容易購得，建議大家可以自行製作，簡單又美味喔！

材 料（4人份）

乾米麴 50g
醬油 160g
水 50ml

> **Tips**
> 乾米麴可以在網路商店上購買。

作 法

1. 將所有材料放入瓶子裡面，攪拌均勻（圖❶）。

2. 優格機溫度設定為60℃；時間設定8小時。如果家中沒有優格機，可使用舒肥機或電鍋試試看。

3. 時間到了之後，液體剛好蓋過米麴，就像（圖❷）那樣，米麴已經完全濕潤，即完成了。

4. 之後儲放到消毒過的乾燥玻璃罐中，冷藏保存。醬油麴會越存越香，米的顆粒也會越來越不明顯。只要沒有發霉都可以使用，但建議在半年內使用完畢。

鹽麴豬肉咖哩

用鹽麴來醃漬肉類，可讓肉質變得軟嫩，更具風味，嘗起來是鹹中帶點甜味，層次相當分明，搭配著白飯，就是日劇中常出現的經典豬肉咖哩飯。

材料（5～6人份）

梅花肉切塊 600g
鹽麴 1大匙
油 1大匙
洋蔥絲 1/2顆
米酒 1大匙

水 500ml
紅蘿蔔塊 1根
馬鈴薯塊 1顆
日式咖哩塊 .... 適量

作 法

1. 梅花肉塊加入鹽麴抓醃（圖❶），放入冰箱冷藏30～60分鐘（圖❷）。

2. 陶鍋內放入適量的油，放入洋蔥絲炒至軟熟。

3. 接著，放入豬肉（圖❸），炒至上色均勻（圖❹）。

4. 再倒入米酒，炒出香氣。

5. 加水至淹過肉，煮將近40分鐘（圖❺）。

6. 放入切塊的紅蘿蔔塊，再放入馬鈴薯塊（圖❻），煮至熟透即可（約20分鐘）。

7. 放入適量咖哩塊（圖❼），融化後拌勻即可關火。

Tips
鹽麴可在網路上購買，是料理必備的調味料。

延伸變化
咖哩起司蛋

這道起司咖哩，是從鹽麴豬肉咖哩變化而成，將保存的咖哩從冰箱拿出來，簡單放上食材，淋上咖哩，就可以直接放入烤箱加熱，不需開火也有好料理。

材 料（2人份）

鹽麴豬肉咖哩
.........以可以放滿鍋子為主
雞蛋 1顆
起司絲 約80g

作 法

1. 在陶鍋中放入解凍的咖哩（圖❶），中間挖一個洞，打入一整顆生雞蛋（圖❷）。

2. 上方放上起司絲（圖❸），小烤箱設定210℃烤10分鐘，或者看到起司融化上色即可（圖❹）。

Tips
- 這道算是兩人份的料理，記得搭配白飯、切片麵包或吐司一起吃，真的非常棒！
- 如果使用大烤箱，記得一定要先以200℃預熱，免得因加熱時間過長，食物變得太乾。

紅燒豬腳

我特別喜歡吃豬腳，軟中帶Q的皮，有著滿滿的膠質，搭配軟嫩的瘦肉部位，真讓人愛不釋口。有時在外用餐會吃到令人失望的豬腳，像是不夠入味、皮太硬或是太油膩。為了滿足口腹之欲，不如自己親手做。這道食譜利用老滷汁來滷，顏色很美，熱熱吃很軟嫩，冷了才吃，又像冷吃滷味一樣，越嚼越香。

材 料（6人份）

豬腳 ....1.5斤（約900g）	油 1/2大匙	水 300ml
薑片 .... 2～3片	細砂糖 15g	辣椒 .... 1～2根
蒜頭 .... 2～3瓣	醬油 50ml	
蔥 1根	老滷汁 300ml	

作法

1. 豬腳入滾水（份量外）汆燙5分鐘（圖❶），取出用清水沖洗乾淨。

2. 薑片切好；蒜頭拍碎；蔥切段備用。

3. 陶鍋內放入健康油、薑片、蒜頭碎與蔥段，開中小火炒香（圖❷）。

4. 放入豬腳稍微炒一下（圖❸），放入細砂糖翻炒，先倒入醬油炒至上色均勻（圖❹）。

5. 加入老滷汁與水，蓋上鍋蓋。大約滷70分鐘的時候，確認肉已經軟爛（圖❺）。

6. 接著，加入切成段的辣椒（圖❻），再燉煮10分鐘，即完成。

> **Tips**
> ◦ 老滷汁來自於p.132日式叉燒肉的老滷汁。
> ◦ 如果沒有老滷汁，建議可以用醬油：水 = 1:4的比例來滷。
> ◦ 豬腳放涼了也很好吃，帶點微辣，皮QQ的，一點兒也不膩，越嚼越香。

白蘿蔔燉牛腩

當季的白蘿蔔清甜爽口，與牛肋條一起燉煮，吃起來入味軟嫩，香噴噴的一鍋，拌麵、拌飯都很搭，是一道非常下飯的簡單料理。

材　料（5人份）

老薑	6～7片
蒜頭	3～4瓣
白蘿蔔	1/2條
牛肋條	約600g
蔥	8～10段
油	1大匙
醬油	50g
水	淹過食材的量

調味料

醬油	2大匙
蠔油	1大匙
老抽	2大匙
細砂糖	1大匙

香料（圖❶）

乾月桂葉	2片
乾辣椒	適量
八角	2個

作 法

1. 薑切薄片；蒜頭去皮；白蘿蔔去皮切塊。

2. 起一鍋水（份量外），煮到溫水時，放入切好的牛肋條、2片薑片及蔥綠段（圖❷），煮滾後，續煮約5～7分鐘關火。取出牛肋條，沖洗乾淨備用。

3. 陶鍋裡面放入油、蔥白段、4片薑片、蒜瓣，開中小火爆香（圖❸）。

4. 放入牛肋條，炒出香氣，至表面完全上色（圖❹）。

5. 接著，倒入所有的調味料，翻炒至上色（圖❺）。

6. 加入適量的水（淹過食材即可），放入所有香料，蓋上雙層鍋蓋（圖❻），以中小火燉煮約40～50分鐘（圖❼）。

7. 放入白蘿蔔塊（圖❽），再燉煮20分鐘；待蘿蔔與肉軟熟後，即完成。

鍋具 3.3L IH寬口湯鍋　　牛　炒 5-8分鐘　煮 85-90分鐘

法式紅酒燉牛肉

紅酒燉牛肉是法國菜中的經典，起源於
布爾岡，以紅酒、多種蔬菜和香草來燉
煮牛肉，軟嫩的肉質中帶有沈穩迷人的
紅酒香氣，可搭配馬鈴薯泥、蔬菜或白
飯一起吃，是值得一試的華麗菜色。

<u>材　料</u>（6人份）

牛肋條 ....600～700g
洋蔥 1/2顆
蘑菇 ....10～12朵
紅蘿蔔塊 1根
油 1大匙
蒜末 3瓣
黑胡椒粉 ....適量
鹽 1小匙

<u>湯　汁</u>

紅酒 200ml
雞高湯 250ml
番茄糊 1大匙
新鮮百里香 1小撮
乾月桂葉 2片

<u>芡　汁</u>

奶油 15g
中筋麵粉 6g

<u>作　法</u>

1. 去除牛肋條上多餘的油脂部位，切成大塊。洋蔥切丁；蘑菇切成對半；紅蘿蔔切成塊；百里香洗淨，剝成小段塊（圖❶）。

2. 鍋子放入適量的油，開火後，冷油放入洋蔥丁與蒜末，慢火炒出香氣（圖❷）。

3. 炒香之後，放入牛肉塊（圖❸），續炒上色後，放入1/2小匙鹽與黑胡椒粉調味，再炒一下。

4. 於陶鍋中騰出空間，放入蘑菇炒熟後（圖❹），取出蘑菇。

5. 接著，倒入紅酒，煮沸約1～2分鐘之後（圖❺），倒入高湯與番茄糊（圖❻）。

6. 放入月桂葉與百里香（圖❼），以中小火燉煮40分鐘。

7. 放入紅蘿蔔塊（圖❽），再度燉煮40分鐘。如果湯汁剩很少，請用清水補足之後繼續燉煮。

8. 再放入炒好的蘑菇，煮約5～10分鐘。

9. 奶油放置室溫軟化後與中筋麵粉攪拌均勻，放入鍋內煮一下，湯汁就會變濃稠（圖❾）。

10. 最後，下1/2小匙鹽調味即完成。

Tips

- 煮完後建議靜置至少1～2小時後再吃，若放到隔天，整體香氣會融合得更好，也更美味。
- 建議到花卉市場購買整株新鮮的百里香；若無，則可使用超市販售的乾燥百里香。
- 這道料理也很適合搭配生菜一起食用。

鍋具 4L 直火深型湯鍋　牛　炒　煮 120-150分鐘　燜 至涼

滷牛三寶:牛腱牛肚牛筋

牛三寶包含牛腱、牛肚與牛筋,一般牛腱、牛筋、牛肚都是需要長時間烹調的食材,所以在此使用煮加燜的方式來完成,可達到省時又美味的效果。這道料理屬於你我記憶裡的好滋味,是會讓人想一再嘗試的料理。

材 料 （6人份）

牛肚 .... 1個（約500g）
牛筋 500g
牛腱 .... 2個（約450g）
薑片 4片
蔥 3根
米酒 2大匙

調味料

蔥 2根
薑 6片
八角 3個
乾辣椒 ....適量
油 1大匙
醬油 150ml
細砂糖 15g

紹興酒 150ml
水 750ml
滷包 1包
新鮮辣椒 ....適量

作 法

1. 把牛筋、牛肚及牛腱洗乾淨，備用；蔥2根切段、1根切成蔥花。

2. 鍋子裡面倒入冷水（份量外），放入薑片、1根蔥段與米酒後，再放入牛筋與牛肚，煮約20～30分鐘去腥（圖❶）。

3. 將作法**2**的牛肚、牛筋撈起之後，沖洗乾淨。

4. 把1根蔥段、薑片、八角、乾辣椒與油放入陶鍋中，開小火爆香（圖❷）。

5. 接著，倒入醬油、細砂糖與紹興酒，煮滾約2分鐘後加入水（圖❸），先放入牛筋與滷包，中火滷30分鐘（圖❹）。

6. 然後放入牛肚，滷30分鐘（圖❺）。

7. 趁空檔，將牛腱放入另一鍋冷水（份量外）中，加熱氽燙約10分鐘（圖❻），撈起後清洗乾淨。

8. 將牛腱放入陶鍋中，再滷60～90分鐘（圖❼）。中間可視情況，加入適量的水。

9. 用筷子測試是否可以穿透作法**8**的食材，夠軟了，即可蓋上鍋蓋續燜。

10. 待鍋子完成涼了後，撈起三寶，放入保鮮盒內，放入冰箱冷藏到隔天；滷汁則另外保存。

11. 要吃時，取出三寶切片，加熱少量滷汁，淋在三寶上，撒上蔥花即完成。

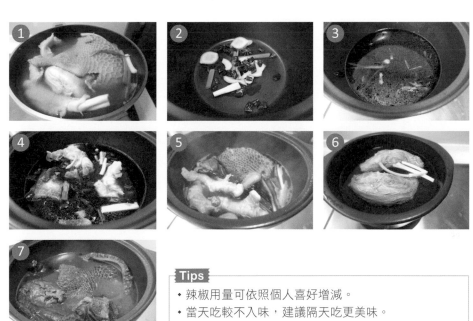

Tips

- 辣椒用量可依照個人喜好增減。
- 當天吃較不入味，建議隔天吃更美味。
- 牛筋總共滷約2至2.5小時；牛肚約2小時；牛腱約1至1.5小時。但會依照肉的大小及厚度不同，而有所調整。
- 若吃不完，可裝進密封袋，冷凍保存2個月。

陶鍋最擅長的
滷燉煮料理

滷與燉自然是陶鍋料理最大的本事了，良好的保溫性，即
使熄火後也能利用餘溫繼續加熱，讓鍋子端上桌時保持熱
度，是冬季中最棒的料理好夥伴。

古早味滷豆腐

將傳統板豆腐放進滷汁中，耐心滷煮才能保持嫩度，並讓豆腐的每個毛孔都充滿汁液，有著香氣又不會太鹹，最適合搭配白飯一起吃，是我非常喜歡的一道料理。

材 料（3人份）

板豆腐 1塊	蔭豆醬 ... 2小匙（豆鼓）
油 1大匙	醬油 2大匙
蔥段 1根	水 .... 淹過豆腐的量
薑 2片	
蒜片 1瓣	

作 法

1. 將板豆腐切成適當的大小，備用。

2. 陶鍋中放入適量油，再一起放入蔥段、薑片、蒜片以及蔭豆醬，開火煸出香氣（圖❶）。

3. 接著，倒入醬油後，待散發出一些香氣時，就加入水，再放入豆腐，水加到約豆腐的3/4高度（圖❷），煮約15分鐘即可。

Tips

滷豆腐時，醬油與水的比例跟滷肉不一樣，像是食譜裡面示範滷肉時，醬油：水＝ 1：4，滷豆腐則可以加到 1：10，才不會太鹹喔！

鍋具 2.7L IH陶土湯鍋　　豬 炒 3分鐘 煮 40-50分鐘

白菜滷

白菜滷的作法相當多元，最具古早味的就是加入豬皮一起燉煮。白菜盛產的季節最適合品嚐這道料理，不但能一次攝入大量的蔬菜，味道豐富又鮮甜，可以連吃好幾碗白飯。

材料（6人份）

白菜 ....1顆（約600g）	油 1大匙
紅蘿蔔 1/3根	蒜末 3瓣
扁魚 1/2片	豬皮 ....約5〜6片
香菇 ....6〜7朵（小朵）	鹽 1小匙
蝦米 約20g	
米酒 ....可淹過蝦米	

作 法

1. 白菜清洗後切成適合放入鍋中的大小；紅蘿蔔切薄片；扁魚切塊；其餘材料也切好備用（圖❶）。

2. 香菇泡水軟化後切小片；蝦米泡入米酒中去腥。

3. 陶鍋中放入適量的油，開中小火，放入蝦米與蒜末爆香（圖❷）。

4. 接著，放入紅蘿蔔、香菇、扁魚與蝦米，炒出香氣（圖❸）。

5. 之後放入一半白菜（圖❹），蓋上鍋蓋，煮約10分鐘（圖❺）。

6. 待白菜開始縮水之後，再放入剩餘的白菜與豬皮。

7. 煮約30～40分鐘，等到白菜軟爛，就可以下鹽調味（圖❻），即完成。

Tips

◆ 煮好隔天吃，料理中隱隱的海味與甜美鮮香會更明顯。

◆ 扁魚與豬皮在傳統雜糧行較容易購得。

◆ 因鍋子一次放不下一顆白菜量，於作法**5**時可分成兩次加入。

日式馬鈴薯燉肉

日本媽媽一定要會的家常菜，非馬鈴薯燉肉莫屬，也是大人小孩都喜歡的熱門菜色。馬鈴薯燉肉營養豐富又下飯，馬鈴薯吃起來香軟可口，清爽中帶些甜味，在我家，也是孩子們十分捧場的料理之一。

材料（3人份）

洋蔥 1/2顆
紅蘿蔔 1根
馬鈴薯 1顆
油 1/2大匙
豬肉片 300g
（梅花肉 / 五花肉各半）

日式高湯

水 800ml
昆布 10cm
柴魚片 8g

調味料

清酒 50ml
日式醬油 2大匙
味醂 2大匙
水 .... 淹過食材的量
鹽 1/4小匙

日式高湯作法

1. 水滾下昆布，煮2～3分鐘，取出昆布（圖❶）。

2. 再放入柴魚片（圖❷），煮1～2分鐘，之後濾掉柴魚片（圖❸），留湯備用。

馬鈴薯燉肉作法

1. 洋蔥切粗絲；紅蘿蔔去皮滾刀切塊；馬鈴薯去皮切塊。

2. 陶鍋加熱後倒入油，先放五花肉翻炒，再放入梅花肉，翻炒至熟透（圖❹）。

3. 接著，放入洋蔥絲、紅蘿蔔塊及馬鈴薯塊（圖❺），約翻炒3～5分鐘（圖❻）。

4. 然後倒入清酒，煮至沸騰。

5. 接著倒入日式高湯、醬油及味醂，燉煮過程中，可視情況加入適量的水，讓水量能稍微淹過食材（圖❼）。

6. 蓋上鍋蓋，大約煮20分鐘（圖❽），適情況加入鹽調味即可。

Tips

日式高湯的煮法與p.91的日式關東煮相同，只是比例略有差異，不妨一次多煮一點，應用在不同的日式料理中。

五行蔬菜排骨湯

加入牛蒡一起熬煮的湯,別有一番風味,加上微酸的番茄、甜甜的洋蔥、紅蘿蔔與玉米,這道湯品可以吃到五種蔬果的營養,一口氣就能喝到豐富的美味。

材料（4人份）

排骨 .... 半斤（約300g）　　玉米 1根
洋蔥 ....1/2顆　　水 1500ml
番茄 .... 1顆　　鹽 1小匙
紅蘿蔔 1/2根
牛蒡 1/4根

作法

1. 排骨從溫水開始汆燙（圖❶），水滾後5分鐘關火，取出後用水清洗乾淨。

2. 洋蔥去皮切成三等份；番茄切四等份；紅蘿蔔去皮滾刀切塊；玉米切小段（圖❷）；牛蒡去皮切斜段備用。

3. 陶鍋內放入水、排骨及牛蒡，煮到水滾後，續煮約20分鐘（圖❸）。

4. 接著，放入番茄及洋蔥塊，再煮20分鐘（圖❹）。

5. 再放入紅蘿蔔塊煮10分鐘，最後放入玉米，再煮5分鐘，確定排骨軟了，下鹽調味即完成（圖❺）。

Tips

‧牛蒡建議要放進湯之前，再削皮切段，太早切會氧化變黑。

‧蔬菜放入的先後順序，是依照煮軟的時間調整。其中，牛蒡需煮久一點才會變軟，所以最早放；番茄與洋蔥需煮出甜味，第二順位放；玉米只需要熟了就可以吃，煮太久會失去甜味，建議最後放。

日式叉燒

這款叉燒吃起來非常的軟嫩，入口即化，連孩子們都很驚訝為什麼可以這麼軟？其實，只需要多一點點耐心，作法超級簡單，大力推薦給料理新手。

材料（4人份）

梅花肉 .... 1斤（約600g）
棉繩 .... 1～2條
油 1/2大匙
薑片 4片
蒜片 3瓣

調味料

醬油 180ml
水 360ml
味醂 60ml
冰糖 20g
米酒 40ml
八角 2個

作 法

1. 將豬肉用水簡單沖洗一下，用廚房紙巾擦乾，之後用棉繩綁緊（圖❶）。

2. 淋一點油在陶鍋上，放入薑片與蒜片（圖❷），加熱之後放入捆好的豬肉（圖❸），每一面都用小火煎到上色後（圖❹），取出豬肉。

3. 加入所有調味料，煮沸之後，放入煎好的肉（圖❺），蓋上雙層鍋蓋，以小火燉煮90分鐘（圖❻）。中途記得適時翻面，並補入適量的水（份量外）。

4. 時間到關火，先用筷子插入肉裡面，若可以刺穿，代表已經熟了（圖❼）。之後燜至少3～4小時，等待入味。

5. 開動之前，將棉繩拿掉，切成薄片，即可享用。

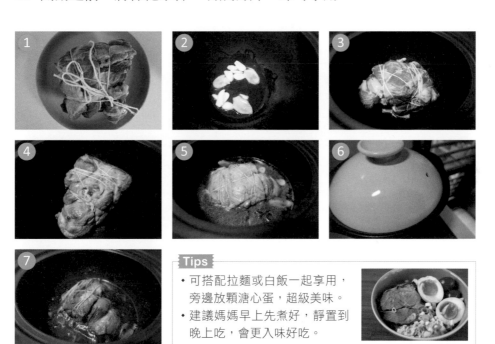

Tips

- 可搭配拉麵或白飯一起享用，旁邊放顆溏心蛋，超級美味。
- 建議媽媽早上先煮好，靜置到晚上吃，會更入味好吃。

蜜汁豬肋排佐蔬菜湯

用陶鍋免烤箱也能做出人氣西餐料理豬肋排。這道是吃過在美式餐廳吃過後，回家被孩子點名的菜色，特別喜歡軟爛的豬肋排口感搭配香甜的醬汁。在家自己做其實並不難，還能一次完成兩道料理，省事又美味。

材 料（4人份）

豬肋排 .... 1斤（約600g）	鹽 2小匙
薑 4片	白胡椒粉 .... 適量
洋蔥 1/2顆	油 1小匙
番茄塊 1顆	

蜜汁醬

日式鰹魚醬油 3大匙
味醂 2大匙
蜂蜜 1大匙

作法

1. 豬肋排洗淨之後，放入滾水中（份量外）汆燙約5分鐘去除雜質（圖❶），再以冷水沖乾淨。

2. 陶鍋中放入豬肋排、薑、洋蔥塊、番茄塊、鹽與白胡椒粉（圖❷），煮滾之後起算，續煮約60分鐘，確定肉軟爛即可（圖❸）。

3. 將蜜汁醬的所有材料混合均勻（圖❹），另取一個陶鍋，倒入適量的油，用中小火將肋排兩邊煎到稍微酥脆（圖❺）。

4. 將蜜汁醬倒入鍋內，煮至上色後翻面，繼續把醬汁煮到稍微濃稠，取出肋排並淋上蜜汁醬，即完成（圖❻）。

5. 熬煮過肋排的高湯很鮮美，因為放入了許多蔬菜，喝起來很鮮甜，只需要再加一點黑胡椒粉增添香氣，就非常美味了。

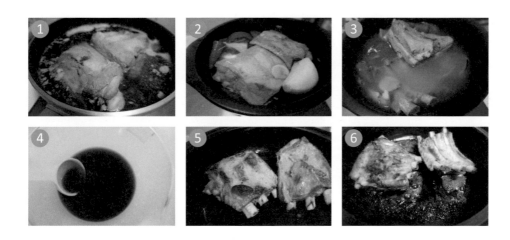

Tips
- 作法2因豬肋排的厚度不同，所需的烹調時間也會需要略作調整。
- 豬肉本身也具有油脂，會在煎的過程釋放出來，所以作法3中的油不需要放太多。

麻油雞

台灣只要進入冷冷的冬天，就會讓人特別想吃碗暖心又暖胃的麻油雞。誘人的香氣勾起大家的食慾，一碗下肚，滿足又溫暖，作法簡單，是新手必學的入門湯料理。

材 料 （4人份）

仿土雞 ... 1/2隻（約700g）　　水 .... 適量
麻油 .... 1～2大匙　　枸杞 約10顆
油 .... 1大匙　　紅棗 .... 3～4顆
薑片 .... 6～8片　　鹽 1小匙
米酒 300ml

作 法

1. 仿土雞切塊，將雞肉沖洗乾淨，並將剩餘水分擦乾。

2. 陶鍋中放入麻油、油及薑片，用小火煎約8〜10分鐘（圖❶），直到薑片邊緣呈略為捲曲（圖❷）。

3. 放入土雞切塊（圖❸），翻炒到上色，倒入米酒，建議淹過食材（如果不足，可加入適量的水）。

4. 煮滾後，放入枸杞與紅棗（圖❹），蓋上蓋，煮約30〜40分鐘（圖❺）。

5. 燉煮過程中，如果水分蒸發太多，可再隨時加入適量的水分。

6. 直到肉軟嫩，下鹽調味（圖❻），即完成。

Tips

+ 薑片與麻油多寡，可依照個人喜好調整。
+ 即使沒有加鹽，也一樣很好吃。
+ 剩餘的湯可用來拌麵線，變成好吃的麻油麵線。

鍋具 2.7L IH陶土湯鍋　　牛　炒 15分鐘　煮 1.5小時

西式蔬菜牛肉湯

這道看似濃郁的湯品喝起來卻意外清爽，軟嫩的牛肉搭配蔬菜的香甜，讓人喝了還想再喝。有不少粉絲試做過這道食譜，大家都十分喜歡喔！

材料（6人份）

洋蔥 1/2顆	蒜頭 4瓣
紅蘿蔔 1根	鹽 1小匙
西洋芹 1/2根	乾月桂葉 2片
番茄 2顆	水 500ml
牛腩 ....1斤（約600g）	
橄欖油 1大匙	

> **Tips**
> - 牛肉煮過之後會縮，為保留口感，不建議切太小塊。
> - 這是一道需要時間熟成的湯品，隔夜喝會更美味。

138

作　法

1. 洋蔥、紅蘿蔔切成丁狀；蒜頭去皮後，打成蒜末；西洋芹切薄片；番茄切成四等份（圖❶）備用。

2. 將牛腩去除肥肉部分（圖❷），切成適當大小（圖❸）。

3. 陶鍋中放入橄欖油和洋蔥丁，炒至呈半透明狀（圖❹），產生香氣與甜味。

4. 接著，放入紅蘿蔔丁、蒜末、西洋芹片，拌炒一下（圖❺）。

5. 再放入牛腩塊稍微炒一下（圖❻），放入鹽調味，讓牛肉不會淡而無味。

6. 放入番茄塊（圖❼）與月桂葉，倒入水淹過所有食材（圖❽），開中大火。

7. 待湯滾後，蓋上蓋子（圖❾），轉中小火，燉煮1～1.5小時直到肉軟了，即完成。

Chapter

7

四季皆宜的 沁甜湯水

既能在炎夏清涼消暑，也能在寒冬中溫暖身心，用陶鍋煲
出來的甜品食材，軟熟綿密、入口即化，沒有什麼比來碗
甜湯，更叫人酣暢痛快的了。

古早味花生湯

我喜歡在冬天裡喝一碗熱熱的花生湯，香甜濃郁，還不膩口，燉到軟爛的花生口感綿密，醇香的滋味，讓人有股濃濃的幸福感。

材料（4人份）

帶皮生花生仁 250g
水 1500ml
細砂糖 70g

作 法

1. 花生仁洗乾淨後，泡水約2小時（圖❶），泡了之後會膨脹如圖（圖❷）。

2. 將花生仁沖洗乾淨之後，放入冰箱冷凍一晚。

3. 冷凍過後的花生會比較容易去皮，去皮時（圖❸），用手指搓會比較快速。

4. 再度清洗花生仁之後，放入陶鍋裡，加入水（圖❹），煮約60～90分鐘之後，燜20分鐘。

5. 確定花生軟熟後，加入細砂糖攪拌均勻，即完成（圖❺）。

Tips
- 要將花生煮透、嘗起來軟爛的秘訣，就是前一天提早放入冷凍庫冷凍。
- 花生部分建議購買沙豆，吃起來會更好吃。

鍋具　1.7L IH陶土湯鍋　 煮　30-40分鐘

桂圓米糕粥

桂圓味甘甜、補血氣，可促進血液循環，驅寒溫補，特別適合秋冬容易手腳冰冷的女生。糯米軟而不爛，口味甜而不膩，無論冰的、熱的都很好喝，香甜的滋味令人回味無窮。

材 料（4人份）

圓糯米 .... 2/3 杯
紅棗 .... 4～5顆
水 800ml
桂圓乾 30g
黑糖 70g

作 法

1. 糯米洗乾淨後，泡水（份量外）約2小時（圖❶）；紅棗洗淨備用。

2. 倒掉糯米水後，將糯米放入陶鍋裡，倒入水，放入桂圓乾與紅棗（圖❷），用中小火煮約30～40分鐘。

3. 直到米心軟化之後（圖❸），加入增加甜味的黑糖攪拌均勻，即完成（圖❹）。

> **Tips**
> ‧ 烹煮糯米時容易噗鍋，建議以小火慢煮，或者留意水量不要放太多。

鍋具　3L 直火炊飯陶土鍋　煮 40分鐘　燜 20分鐘

綠豆薏仁湯

綠豆和薏仁兩種食材是現代女生最愛的消水腫聖品，不但去火清熱，好吃又低熱量，
是炎炎夏日超棒的甜湯選擇，冰冰的喝，消暑又止渴。

材 料 （6人份）

洋薏仁 1/3杯
綠豆 1杯
水 120ml
細砂糖 100g

作 法

1. 薏仁沖水洗淨後，泡水（份量外）約1小時（圖❶）；綠豆洗淨備用。

2. 倒掉薏仁水之後，把薏仁放入陶鍋裡，倒入水（圖❷），煮約20分鐘之後，放入綠豆，繼續煮約20～30分鐘，燜20分鐘。

3. 確定綠豆與薏仁軟熟後（圖❸），加入細砂糖攪拌均勻，即完成。

Tips

- 煮好的甜湯放涼後可分裝入製冰盒中做成冰塊，直接吃或者放入食物處理器打成冰沙，再淋上煉乳，都是很棒的消暑方式。

薑汁地瓜湯

冬天來一碗薑汁地瓜，暖心又暖胃。建議可以選擇纖維細緻的台農57號黃金地瓜來煮這道甜湯，口感鬆軟綿密、甘甜可口。

材料（3人份）

薑 1塊
地瓜 ....1大顆（約400g）
細砂糖 2大匙
黑糖 2大匙
滾水 800ml

作法

1. 薑清洗乾淨，留皮拍碎備用（圖❶）。

2. 地瓜去皮後，以撇刀切成幾塊，浸泡在冷水（份量外）中以防止變黑（圖❷）。

3. 將細砂糖放入陶鍋中，稍微鋪平之後（圖❸），開小火煮至呈焦糖色（圖❹）。

4. 接著放入黑糖（圖❺），然後倒入滾水（圖❻）。

5. 放入薑與地瓜（圖❼），蓋上鍋蓋，煮約20～30分鐘（圖❽），待地瓜煮熟即完成。

Tips

• 地瓜去皮後，切下去差不多一半，以刀子左右撇的方式讓地瓜不規則分離，這樣煮起來會比較容易入味。

• 煮的時間，需依照地瓜大小來調整。

鍋具 3L 直火炊飯陶土鍋　煮 90分鐘

紅豆湯圓

除了薑汁地瓜外，冬天也適合喝紅豆湯，搭配上手作有嚼勁的湯圓，就是元宵節及冬至，家中一定會出現的美味甜品。

材 料（4人份）

紅豆 2杯
水 約1500ml
細砂糖 70g

湯 圓

糯米粉 150g
水 120ml

Tips

• 作法**4**時，於湯圓表層沾點糯米粉，主要是為了預防沾黏。

• 夏天時可以單煮紅豆湯，放涼之後倒入冰棒模具中冷凍，做成好吃的紅豆冰棒。

作 法

1. 紅豆洗淨之後，直接放入陶鍋內（圖❶），倒入水（圖❷），先轉大火直到水滾。

2. 轉中小火繼續煮，總共約90分鐘，直到紅豆軟爛為止（圖❸），再依照個人喜好加入細砂糖，並且攪拌至細砂糖溶解。

3. 趁此空檔做湯圓，把糯米粉放入大碗中，先放入八成的水量（圖❹），之後視情況慢慢加，直到可以成團不黏手為止（圖❺）。

4. 將糯米團搓成長條狀（圖❻），切割成每個約5g重（圖❼），再搓圓，放到鋪有糯米粉（份量外）的盤子上，確定每顆湯圓表層都沾上一層糯米粉（圖❽）。

5. 起一鍋滾水，將湯圓放進去煮，煮到湯圓浮起來，並已煮透為止（圖❾）。

6. 將湯圓放入碗中，舀入一勺紅豆湯，即可享用。

冰糖銀耳蓮子湯

銀耳蓮子湯是我最愛的甜湯之一，銀耳含有蛋白質，是營養價值很高的食材，吃起來清爽又Q彈，加上煮到鬆鬆的蓮子與甜甜的紅棗，絕對是最完美的搭配。

材料（4人份）

乾燥白木耳 20g	水 1200ml
紅棗 5顆	枸杞 10顆
乾燥蓮子 .... 20～30顆	冰糖 .... 適量

作法

1. 白木耳沖水洗淨之後，浸泡於水（份量外）中1小時（圖❶），膨脹之後，去除底部，剪成小塊（圖❷❸）。

2. 紅棗和蓮子洗乾淨之後備用。

3. 將白木耳放入陶鍋中，倒入水，煮滾之後，計時20分鐘續煮。（圖❸）

4. 接著，放入蓮子煮20分鐘（圖❹），放入紅棗再煮10分鐘（圖❺），最後放入枸杞，就可以關火。

5. 最後加入適量的冰糖，即完成。

Tips
- 乾燥白木耳較不容易煮出膠質，我試過了2個小時，才稍微有膠質釋出（圖❻）。如果喜歡膠質的朋友，請購買新鮮白木耳。
- 白木耳煮一陣子之後，容易噗鍋，建議開蓋煮。
- 放涼後，可放入冰箱冷藏，冰涼涼的享用會更美味。

Chapter

8

陶鍋也能
玩烘焙

陶鍋擁有圓圓的造型與良好的導熱性，再加上耐高溫的特
點，很適合直接放入烤箱做為烘焙類的模具，烘烤出來的
麵包與點心可口又美觀。

草莓果醬

這款陶鍋保溫性佳又好清洗，煮起果醬來十分輕鬆簡單，不用擔心果醬味道殘留的問題，隨時得以享受以當季水果製作的天然新鮮果醬。

材料（300ml）

新鮮草莓400g（冷凍草莓）
細砂糖 200g

作法

1. 將草莓與細砂糖一起放入鍋內，靜置約3小時。

2. 將鍋子放到爐上（圖❶），以小火煮約10分鐘，記得一邊煮、一邊攪拌（圖❷）。

3. 共煮約20～30分鐘，直到以刮刀攪拌時，看得到鍋底變得較為濃稠為止（圖❸❹）。

4. 將果醬裝到消毒完的乾燥玻璃容器中，放涼之後，即可放入冰箱保存約一個月。

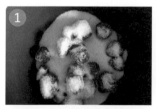

Tips

- 製作好的果醬可用來搭配鬆餅、原味餐包等；加入一點到氣泡水中，又是一款好喝的飲品。

帕瑪森起司麵包

小陶鍋也很適合用來當成麵包模具，製做大受歡迎的帕瑪森起司麵包，不但外型非常可愛，以陶鍋烤出來的麵包也香氣十足，蓬軟又好吃喔！

材 料（3人份）

高筋麵粉 150g	奶油 10g
雞蛋 20g	鹽 2g
水 75g	帕瑪森起司粉 .... 適量
細砂糖 10g	
酵母粉 1.5g	

作法

1. 將除了起司粉外的所有材料放入麵包機中，啟動【麵包麵團】模式，進行自動揉麵與一次發酵60分鐘。

   ※用手揉的朋友，可將所有材料放入調理盆中攪拌均勻之後，以手揉約10分鐘，直到稍微撐開，可看到薄膜為止即可。

   ※如果是使用攪拌器，方式為投入除了奶油以外的所有麵團材料，設定慢速3分鐘，轉中速2分鐘，之後放入奶油，再設定慢速2分鐘、中速4～6分鐘（每台機器不同，重點是要打出薄膜）。

2. 取出麵團排氣，滾圓，休息10分鐘（圖❶）。

3. 將麵團拍平，鋪在烘焙紙上，放入小陶鍋中（圖❷）。

4. 麵團噴上適量的水，撒上起司粉，於麵團表面戳幾個洞（圖❸❹）。

5. 靜置30分鐘，進行二次發酵。

6. 將小陶鍋放入烤箱中，烤箱200℃預熱好之後，烘烤15～17分鐘。

Tips
- 用小陶鍋烤麵包的特色是，做出來的外觀，小巧圓滾相當可愛。
- 陶鍋受熱速度沒有金屬模具來得快，所以底部不容易上色，烘烤時間要比用一般模具拉長一些，但相對來說，底部吃起來也會比較柔軟。

免揉歐式麵包

這是一道免揉麵包，只需將所有材料攪拌均勻後，靜待時間過去，讓麵團自動進行水合即可，作法十分簡單。烤好後，空氣中充滿著麵粉獨有的香氣。

材 料

法國麵包粉 400g
常溫水 280g
酵母粉 2g
鹽 6g

作 法

1. 常溫水裝在調理盆中，放入酵母粉攪拌均勻，放置約2分鐘（圖❶）。

2. 於盆中加入麵粉之後，再放鹽，用刮刀攪拌均勻（圖❷❸），再蓋上保鮮膜。

3. 常溫靜置30分鐘之後，用刮刀將麵團從周圍由外向內地往中間收（圖❹）。

4. 再度靜置30分鐘之後（圖❺），重複地以刮刀將麵團從周圍往中間收。

5. 蓋上保鮮膜，放入冰箱冷藏10小時。

6. 取出麵團放在操作枱上，撒適量手粉，將麵團撐大（圖❻），分別由上方（圖❼）與下方（圖❽）往中間折三折。

7. 之後將麵團轉90度，再度往中間折三折（圖❾）；蓋上濕布靜置30分鐘（圖❿）。

8. 撒上適量手粉，輕拍麵團（圖⓫），之後重複作法**6**和**7**。

9. 在陶鍋內鋪上烘焙紙，放上麵團（圖⓬）。常溫靜置，進行最後發酵60分鐘。

10. 烤箱預熱230℃，入爐之前撒粉，以麵團割紋刀或小刀在麵團上劃開一條線（圖⓭）。陶鍋以小火加熱2～3分鐘（圖⓮），之後再放入烤箱烘烤25～30分鐘

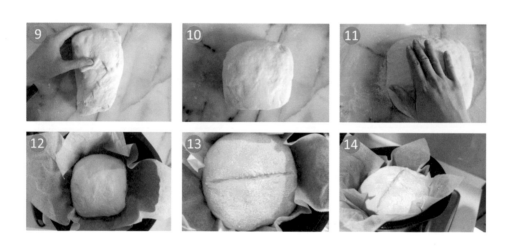

┌─ **Tips** ─────────────────────────────────
• 作法**6**與**7**在翻面時，如果麵團太黏，可在手上多沾
  些手粉（高筋麵粉），會比較容易整形。
└──────────────────────────────────────

手撕麵包

陶鍋也可以當成手撕麵包的模具，耐高溫的特性可直接放入烤箱烘烤，鍋子的用途很廣，做出來的手撕麵包更是柔軟好吃。

材料（4～5人份）

高筋麵粉	250g	細砂糖	25g
酵母粉	2.5g	鹽	2.5g
水	82g	奶油	25g
鮮奶	82g		

作法

1. 將除奶油外的所有材料放入麵包機中,啟動【麵包麵團】模式,進行自動揉麵與一次發酵60分鐘。

　　※用手揉的朋友,可將所有材料放入調理盆中攪拌均勻之後,以手揉約15分鐘,直到稍微撐開,可看到薄膜為止即可。

　　※如果是使用攪拌器,方式為投入除了奶油外的麵團材料,設定慢速3分鐘,轉中速2分鐘,之後放入奶油,再設定慢速2分鐘、中速4～6分鐘(每台機器不同,重點是要打出薄膜)。

2. 取出麵團,分割成7等份,排氣滾圓(圖❶)。

3. 陶鍋鋪上烘焙紙,將麵團放入陶鍋中,先在中間放一顆(圖❷),再擺放其他6顆(圖❸)。

4. 放置於溫度35℃左右處,進行二次發酵50分鐘(圖❹)。

5. 烤箱預熱190℃,在麵包表面噴點水,撒上適量的麵粉,預熱完成後放入烤箱,烘烤22～25分鐘,即完成。

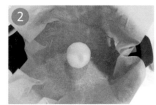

Tips

‧陶鍋跟金屬烤模比起來導熱較慢,需要烘烤的時間也比較長,底部常會看起來白白的,但不用擔心,麵包是有烤熟的。測試是否有熟的重點,稍微按壓底部,如果有點硬殼,就代表完成了;如果沒熟,一戳就會凹陷。

‧對麵包不熟悉的朋友,不建議馬上嘗試有包餡的麵包,若加入像是麻糬、地瓜等濕性材料,烘烤時間會更難掌握。

鬆軟青醬時蔬披薩

具有一定深度的陶鍋，可以做出鬆厚感十足的披薩，吃起來具有飽足感，也是深受孩子們喜愛的美食。

<u>材 料</u>（4～5人份）

高筋麵粉 100g
低筋麵粉 100g
水 120g
細砂糖 10g
酵母粉 2g
鹽 3g
橄欖油 10g

<u>餡 料</u>

青醬 ....適量
青花菜 1小朵
紅椒 1/2個
鴻喜菇 ....半包
番茄片 ....3～4片
乳酪絲 ....適量

<u>作 法</u>

1. 將所有麵團材料放入調理盆中，用木匙攪拌至稍微成團（圖❶❷），將麵團移動到桌面上。

2. 將麵團一前一後分開（圖❸），再用刮板輔助捲起來，重複幾次，直到麵團稍微不黏手。

3. 改以雙手一起揉麵，一前一後（圖❹）揉麵需要持續約7～10分鐘，直到麵團呈現如圖片中般光滑為止（圖❺）。

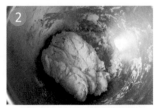

4. 將麵團放回調理盆，覆蓋上保鮮膜並放到烤箱烤箱內，維持約30℃左右的溫度發酵50分鐘。

5. 手指沾上手粉，往麵團中間鑽一個洞，若沒有回縮，則代表一次發酵完成（圖❻）。

6. 取出麵團，分割成3等份（圖❼），排氣滾圓，休息15分鐘。

7. 趁休息時候，清洗蔬菜並切成適當大小，備用（圖❽）。

8. 取其中一個麵團擀平，並用手推拉至跟陶鍋直徑相同大小（圖❾），陶鍋中鋪上烘焙紙後（圖❿），放上麵團。

9. 塗抹上適量青醬（圖⓫），鋪上餡料（圖⓬），還有足夠份量的乳酪絲，最後放上番茄片（圖⓭）。

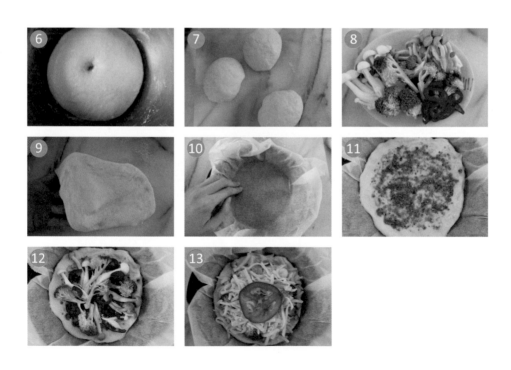

10. 烤箱預熱230℃，烘烤約13～15分鐘，待麵團及起司都上色了，即完成（一次烤一個）。

11. 剩餘的麵團，若當天未烘烤完，可用保鮮膜間隔起來，放入冰箱冷凍保存，3天內烘烤完畢。

Tips
• 烤箱溫度，請自行依照家中的烤箱狀況做調整。

巧克力布朗尼

小陶鍋的尺寸很適合用來做份量不多的甜點，像是布朗尼。濃濃的巧克力香氣，即使沒有一次吃完，也不用擔心走味，回烤之後反而更加美味。

材 料（4人份）

核桃碎 45g
無鹽奶油 55g
苦甜巧克力 85g
（建議使用法芙娜70%巧克力）
雞蛋 50g
細砂糖 35g

牛奶 55g
低筋麵粉 50g
可可粉 8g
泡打粉 1.5g

> **Tips**
> - 布朗尼的美味秘訣是：做好放到隔天再吃；吃之前放入小烤箱以180℃回烤2～3分鐘。
> - 作法 **9** 取出陶鍋時會很燙，請小心操作。如果不想預熱陶鍋，則烘烤時間要延長3～5分鐘。

作法

1. 先將一半的核桃碎放入烤箱，以120℃，烤約5～6分鐘至烤熟。

2. 無鹽奶油與苦甜巧克力放入碗中，微波加熱至完全融化（圖❶）。

3. 於調理盆中打入一顆雞蛋，以打蛋器打散之後（圖❷），加入細砂糖繼續攪拌均勻（雞蛋不需打發，也不要過度攪拌）。

4. 倒入融化的奶油巧克力（圖❸），攪拌均勻（圖❹）。

5. 接著，倒入牛奶（圖❺），攪拌均勻。

6. 然後篩入低筋麵粉、可可粉與泡打粉，再度攪拌均勻（圖❻）。

7. 放入烘烤好的核桃碎，攪拌均勻（圖❼）。

8. 烤箱預熱180℃，並將陶鍋一起放入預熱（先鋪好烘焙紙）。

9. 預熱好之後，取出陶鍋，倒入麵糊，再撒上剩餘未經烘烤的核桃碎（圖❽），烘烤20～23分鐘即完成。

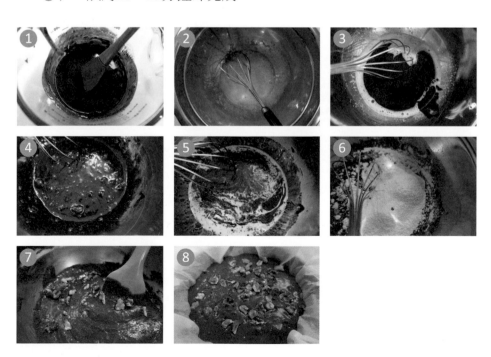

鍋具 0.55L直火陶板鍋（約近6寸蛋糕模的份量） 烤 30分鐘

巴斯克乳酪蛋糕

巴斯克乳酪蛋糕是近年非常流行的甜
點，受歡迎的原因在於除了非常簡單好做
外，外側略為焦黑的濃厚起司味，讓人嚐
過一次就上癮。這個配方已成為我們家
的必備甜點，分享給大家。

<u>材料</u>（6人份）

奶油乳酪 225g

細砂糖 55g

雞蛋 ... 90g（參考TIPS說明）

動物性鮮奶油 110g

低筋麵粉 7g

作法

1. 奶油乳酪放至室溫軟化後，以電動打蛋器稍微打軟（圖❶），然後放入細砂糖，一起打到滑順（圖❷）。

2. 分兩次加入雞蛋（圖❸）（無需打散），完全攪拌均勻後，才放下一顆。

3. 分2～3次下鮮奶油，攪拌均勻（圖❹）。

4. 然後放入過篩的麵粉（圖❺），攪拌均勻。

5. 陶鍋內鋪好烘焙紙（圖❻），倒入蛋糕糊（圖❼）。

6. 將陶鍋放入預熱好的烤箱，以220℃烘烤15分鐘，轉210℃續烤15分鐘，可一邊觀察上色程度，決定是否拉長或縮短時間。

7. 出爐之後先不急著脫模，待放涼之後，放入塑膠袋裡面包好，再放入冰箱冷藏一個晚上後再吃，風味更佳。

Tips

- 雞蛋可使用小顆雞蛋，2顆會比較接近90g。
- 剛出爐的時候，側邊出現裂痕是正常情形（圖❽）。
- 奶油乳酪可在一般超市購買，可直接買225g或250g包裝來使用。

\ 廚房就少這只鍋！/

辣媽Shania的簡易系美味陶土鍋料理

快煮、慢燉兩相宜，主菜、麵飯、湯品、麵包、甜點，一鍋搞定！

作　　者｜郭雅芸 辣媽 Shania
發 行 人｜林隆奮 Frank Lin
社　　長｜蘇國林 Green Su

出版團隊

總 編 輯｜葉怡慧 Carol Yeh
主　　編｜鄭世佳 Josephine Cheng
企劃編輯｜楊玲宜 ErinYang
　　　　　石詠妮 Sheryl Shih
責任行銷｜鄧雅云 Elsa Deng
封面裝幀｜謝佳穎 Rain Xie
內頁設計｜譚思敏 Emma Tan
封面攝影｜吳宇童 MuseCat
造　　型｜吳欣融 Cheryl Wu

行銷統籌

業務處長｜吳宗庭 Tim Wu
業務主任｜蘇倍生 Benson Su
業務專員｜鍾依娟 Irina Chung
業務秘書｜陳曉琪 Angel Chen
　　　　　莊皓雯 Gia Chuang

發行公司｜精誠資訊股份有限公司　悅知文化
　　　　　105台北市松山區復興北路99號12樓
訂購專線｜(02) 2719-8811
訂購傳真｜(02) 2719-7980
專屬網址｜http://www.delightpress.com.tw
悅知客服｜cs@delightpress.com.tw
ISBN：978-986-510-145-9
建議售價｜新台幣380元
初版一刷｜2021年04月

國家圖書館出版品預行編目資料

辣媽Shania的簡易系美味陶土鍋料理：快煮、慢燉兩相宜,主菜、
麵飯、湯品、麵包、甜點,一鍋搞定! / 辣媽Shania 著. -- 初版. -- 臺
北市：精誠資訊, 2021.04
面；公分
ISBN 978-986-510-145-9 (平裝)
1.食譜

427.1　　　　　　　　　　　　　　　　　　110004983

建議分類｜生活風格・食譜

紐約設計
廚房聰明好幫手
美國生活餐廚首選品牌

OXO

–OXO，好設計知道你要的是什麼–

1988年創辦人Sam Farber因不忍見到熱愛烹飪的太太因罹患關節炎後，使用廚房用品總是不順手或是容易受傷，連削皮果如此基本的動作都覺得吃力，因此決定改良市售的削皮刀。經過無數測試，終於研發出符合人體工學、好用順手的OXO直式蔬果削皮器。1990年，15支OXO Good Grips料理工具在美國上市，從此定義了消費者心目中理想家用品的標準 - 順手·省力·安全。

創立至今30年，OXO已發展出超過1000項以上的生活用品，於全球超過75個國家銷售，以全齡消費者的需求為設計核心。經典設計榮獲 IF·Red Dot. Good Design Award·IDEA等國際設計大獎的肯，注重會價值的設計理念，廣受國際組織如哈佛商學院、英國皇家學院等認可，列為「通用設計」的典範。

聰明好物推薦

- 華麗三刀蔬果削鉛筆機 -

輕鬆轉轉蔬菜麵
三種粗細輕鬆轉
減醣料理必備神器

- 好好握薑蒜磨泥器 -

鋒利刀盤磨泥輕鬆搞定
上蓋化身刮杓，蒜泥輕輕一
刮不怕黏在刀盤上

- 全矽膠炒菜鏟 -

超彈力扁平鍋鏟，翻面0技
巧輕鬆解鎖。
全矽膠包覆鍋鏟，安全耐熱

更多訊息

 @oxotaiwan

 @oxotaiwan

stasher

按壓自密封　矽膠密封袋

水煮舒肥　微波爐　烤箱　冷凍冷藏　洗碗機

reddot award 2016
winner

恆隆行 hengstyle

www.hengstyle.com　客服專線 0800-251-209

辣媽教您**輕鬆煮**，優系教您**輕鬆省**

蔬果保鮮就交給 優係鎖鮮袋
保存營養鎖住新鮮

蔬果保鮮，優系就是比平常多出 **2** 倍時間

採購鎖鮮袋

分類裝好蔬果

塑膠袋vs鎖鮮袋
存放7日比較圖

存放7天依然新鮮

哪裏買請掃我

鎖 住 新 鮮　留 住 營 養　維 持 健 康 不 打 烊